Epigenom & Verantwortung

Über die seelischen und molekularen
Traumatisierungseffekte bei Schutzbefohlenen

von

Ekkehard Stähler

und

Ulrich Kübler

Der Embryo, in einer Darstellung von Prof. Dr. E. Stähler. Er ist das Bindeglied zwischen Vergangenheit und Zukunft, gefährdet durch Gewalt, Pestizide und genomische Manipulation (Genscheren).

Copyright: © 2016 Ekkehard Stähler und Dr. med. Ulrich Kübler
Lektorat: Erik Kinting / www.buchlektorat.net
Umschlag & Satz: Erik Kinting
Titelbild: © LuisPortugal, istockphoto.com

Verlag: tredition GmbH, Hamburg
Printed in Germany

Das Werk, einschließlich seiner Teile, ist urheberrechtlich geschützt. Jede Verwertung ist ohne Zustimmung des Verlages und des Autors unzulässig. Dies gilt insbesondere für die elektronische oder sonstige Vervielfältigung, Übersetzung, Verbreitung und öffentliche Zugänglichmachung.

Bibliografische Information der Deutschen Nationalbibliothek:
Die Deutsche Nationalbibliothek verzeichnet diese Publikation in der Deutschen Nationalbibliografie; detaillierte bibliografische Daten sind im Internet über http://dnb.d-nb.de abrufbar.

Das eben ist der Fluch der bösen Tat,
dass sie, fortzeugend, immer Böses muss gebären.
                    Friedrich Schiller – Wallenstein-Piccolomini

Ich, der Herr, dein Gott, bin ein eifernder Gott,
der da heimsucht der Väter Missetat an den Kindern
bis ins 3. und 4. Glied
                                        2. Mose 20,5

Genetik und Epigenetik
schreiben
das Buch des Lebens.

Alles, was wir uns selbst
und unseren
Mitmenschen
antun, hinterläßt
bleibende
epigenetische Engramme.

Die Epigenetik zwingt uns
zu einer neuen **Verantwortlichkeit** für uns
selbst, und alle
Schutzbefohlenen!

Das Buch des Lebens

Grundgesetz:
1
Die Würde des Menschen
ist unantastbar.
Sie zu achten und zu
schützen, ist Verpflichtung
aller staatlicher Gewalt
2
Die staatliche Schutzpflicht
umfaßt auch den
Schutz für das
ungeborene
Leben……

Inhaltsverzeichnis

Zusammenfassung 7

Gedanken zur Einführung in das Thema: 9
    Transgenerationale Effekte 13
    Über die Zusammenhänge von Traumatisierung und Epigenomik und deren gesellschaftsrelevante Folgen 16

Die Besonderheiten der frühkindlichen Gehirnentwicklung 21
    Prinzipien der epigenetischen Steuerungsmechanismen: 24
        I: Wie entstehen epigenomische Veränderungen/Schäden, die nach Traumatisierungen nachgewiesen werden konnten? 26
        II Schäden, die unmittelbar an der DNA auftreten:. 27
        Pestizide verursachen eine molekulare Traumatisierung:........... 28

Effekte von Traumatisierungen im Kindesalter 34
    A) Verhaltensstörungen nach kindlicher Traumatisierung............. 34
    B) Morphologisch- strukturelle Traumatisierungseffekte im Gehirn 35
    C) Molekular-epigenomische Traumatisierungseffekte in Zellen 37
        Pränatal:.. 39
        Kleinkinder: 40
    D) Strukturelle Traumatisierungseffekte an Telomeren. 42

Betreuungsqualität der Kleinkinder 45
    A) Außerfamiliäre Betreuung, Kindertagesstätten:........................ 45
        NUBBEK-Studie... 46
        NICHD-Studie... 47
        Wiener-Studie... 47
        Schweizer-Studie 48
        Untersuchungen über den Cortisolspiegel von Kindern in der KITA 48
        Untersuchungen über die Eingewöhnungs- und Trennungsphase 49

    Untersuchung von Watamura et al. 50
    Hippocampus-Zelldichte 50
    Größerer Hippocampus bei früher mütterlicher Unterstützung 50
    Kanada, Quebecer Projekt 51
    FCC (Family-child-care)-Studie 51
  B) Familiäre Kinderbetreuung 52
    Kauai-Studie: 52
    Studie: Kinder bei nur einem Elternteil 53
    UNICEF –Studie 54
    Studie des Leipziger Forschungszentrum für Zivilisationskrankheiten 54
    Statistik: Betreuung in KITAS 54
    Statistik zu familiärer Gewalt: 54
    Bayer-Health-Care-Studie 2013 zu Gewalt- und Missachtungserfahrungen von Kindern und Jugendlichen in Deutschland 55
    Bundesweite repräsentative Befragung von 45.000 Neuntklässlern . 56
  Daten zur sozialen Situation 56

Diskussion 58

Zusammenfassung

Die Traumatisierung von Kindern führt im Gehirn zu morphologisch-strukturellen und molekular-epigenomischen Veränderungen.
Traumatisierungseffekte sind die Folge des ganzen Spektrums physischer und seelischer Gewalt: Dazu gehören Missbrauch, Misshandlung, Vernachlässigung, verbale Demütigung.
Traumatisierungen entstehen bereits intrauterin unter dem Einfluss toxischer Substanzen wie z. B. Pestiziden. Traumatisierungen entstehen aber auch bereits pränatal durch Stress der Mütter (Ängste, Erleiden von Gewalt, Vergewaltigung, Depressionen, schlechte soziale Bedingungen).
Als Traumatisierungseffekte treten in Erscheinung: Stressintoleranz, Persönlichkeitsveränderungen, Autismus, neurophysiologische Entwicklungsdefizite, situationsunangemessene Handlungen, Aggressionen, Regulationsstörung emotionaler Prozesse, Suizide, Delinquenz.

Im Rahmen der familiären Betreuung ist statistisch jedes vierte Kind in Deutschland gefährdet, eine Misshandlung zu erleiden.
Die außerfamiliäre Betreuung durch KITAs birgt Gefahren für die Entwicklung von Verhaltensstörungen, wenn Personal und Ausstattung nicht den Bedürfnissen der sensibelsten Phase kindlicher Gehirnentwicklung entsprechen können.
Das Aufwachsen der Kinder in einem Single-Haushalt oder nach Scheidung der Eltern, erhöht das Risiko, psychische Verhaltensstörungen zu entwickeln.
Die offiziellen statistischen Daten zur Situation der Kinder in Deutschland zeigen auf, dass fast jedes 3. – 4. Kind Gefahr läuft, einen Traumatisierungseffekt zu erleiden oder schon erlitten hat.

Die wichtigste Voraussetzung einer Gesellschaft, eine friedliche Zukunft zu gestalten, ist, Verantwortung dafür zu tragen, dass sich das Leben, von seiner Entstehung an bis zur Entlassung in die Eigenverantwortlichkeit, ohne Traumatisierung entwickeln kann. Wenn eine Gesellschaft es schafft, ein Ambiente des Respekts vor dem Leben und der Menschenwürde, insbesondere der Ungeborenen, Kleinsten und Schutzlosen zu schaffen, die sich nicht wehren können, dann wird das gute Früchte tragen.

All das Böse, das das Leben auf dem Weg in die reale Welt erleben musste, wird sich epigenomisch verfestigen und zu einer molekularen Erinnerung werden, die sich erst viel später, vielleicht aber auch erst in der 3. oder 4. Generation verflüchtigt.

Gedanken zur Einführung in das Thema

Immer häufiger erreichen uns Berichte über besorgniserregende Veränderungen in den westlichen Industriegesellschaften. Immer mehr Menschen, vor allem Kinder, leben in ökonomisch und seelisch prekären Verhältnissen, trotz stetig steigender Steuereinnahmen und Konzerngewinnen. Immer öfter berichten Medien weltweit über Gewaltausbrüche und Tötungsdelikte von Jugendlichen. Dazu ist die Luft verpestet, die Umwelt zunehmend zerstört und die Gefahr für Kinder, misshandelt zu werden, beklagenswert hoch:
Über 200.000 Kinder müssen jährlich in Deutschland mit einer Misshandlung rechnen und in 320 Fällen ist diese so brutal, dass der Tod des betroffenen Kindes die Folge ist. Die junge Generation muss in einem Ambiente aufwachsen, das zunehmend von außen und innen bedroht wird.
Das ist insofern von Bedeutung, da zelluläre und seelische Reifungsprozesse in der Phase der Entwicklung besonders störanfällig sind. Und diese Reifungsprozesse werden schleichend und unsichtbar seit Jahren erheblich gestört, finden aber in der öffentlichen Wahrnehmung nicht die Beachtung, die aufgrund der nachhaltigen, weit in die Zukunft reichenden Schäden notwendig wäre.

Dazu ein Beispiel (von Tausenden weltweit) pars pro toto:
Die Luftverschmutzung in der EU mit toxischen Substanzen wie Feinstaub, Schwefeldioxid, Stickoxiden, flüchtigen organischen Verbindungen und Ammoniak ist so hoch, dass aktuell über 467.000 Menschen in Europa einen vorzeitigen Tod erleiden, der darauf zurückzuführen ist, und man sich daher genötigt sah, EU-weit schärfere Grenzwerte für Luftschadstoffe festzulegen.

62 % der Fläche der EU sind eutrophierungsgefährdet, davon 71 % Natur-Ökosysteme. Die externen Gesamtkosten der Auswirkungen liegen zwi-

schen 330 und 940 Milliarden Euro. Die direkten wirtschaftlichen Schäden werden mit 15 Milliarden Euro (Arbeitstagverluste), 4 Milliarden Euro (Gesundheitsfürsorge), 3 Milliarden Euro (Ernteverluste) und 1 Milliarden Euro (Gebäudeschäden) veranschlagt.

In den offiziellen Berichten findet sich kein warnender Hinweis auf die viel schlimmere, weit in die Zukunft reichende Gefahr, dass unsere Kinder durch toxische Substanzen in Luft, Wasser, Böden und Nahrungsmitteln epigenomische Schäden erleiden, die zu erheblichen zellulären Regulationsstörungen führen – mit weittragenden Folgen.

Vor diesem Hintergrund ist zu beobachten, dass sich der seelische und körperliche Zustand vieler Menschen – vor allem der jungen – verschlechtert und zunehmend als Krankheit in Erscheinung tritt. Und das in einer Häufigkeit, die vor Jahrzehnten noch unbekannt war und jetzt ein epidemisches Ausmaß annimmt.

Offensichtlich sind die Menschen tief greifenden Einflüssen unterworfen, die zu einer Fehlsteuerung metabolischer und psychischer Prozesse führen. Drei Beispiele mit großer gesellschaftlicher Relevanz seien pars pro toto angeführt:

1. Die dramatische Zunahme von Karzinomen im Allgemeinen und einigen Karzinomen, wie z. B. die der Mamma, im Besonderen.
2. Die Zunahme extrem übergewichtiger Menschen, was einer *Fettsuchtepedimie* gleichkommt, und die damit verbundenen Erkrankungen wie Diabetes, Hypertonus, Apoplex etc.
3. Bei Jugendlichen die auffällige Zunahme von Verhaltensstörungen, Aggressivität, Gewalt, Schulschwierigkeiten, Schulabbrechern, Autismus, Depressionen, Bindungsunfähigkeit, Delinquenz und zunehmende Entkopplung der früher einsetzenden Pubertät von der seelischen Reifung.

Wie sind diese Phänomene zu erklären?
Gemeinsam ist allen, dass sie einen epigenetischen Hintergrund haben. Wir sind evolutionär aus dem Tritt geraten, und dieses Missverhältnis hat seinen Preis.

Unsere heute noch gültige genetische Grundausstattung entwickelte sich in einem evolutiven Prozeß über mehrere hunderttausend Jahre.

In evolutionären Dimensionen betrachtet haben wir unsere Umwelt fast über Nacht tiefgreifend verändert.
Die von uns geschaffene Welt paßt nicht mehr zu unserem Körper.
Die epigenomische Feinabstimmung unserer biologischen Eigenschaften schafft es immer weniger, uns auf das moderne Leben vorzubereiten.

Der Mensch hat die Welt und die Natur, aus der er hervorgegangen ist, in der er und von der er lebt, nicht nur tief greifend verändert, sondern er hat Flora, Fauna, Atmosphäre, Hydrosphäre, Biosphäre zum großen Teil schon zerstört und vergiftet. Kaum ein Platz auf dieser Erde ist nicht von zivilisatorischen Kunstprodukten wie z. B. Dioxin, DDT, PCB, Phthalaten, Antibiotika, Östrogenen aus Pillen zur Antikonzeption etc. kontaminiert und bedroht.

Parallel zur Zerstörung, Vergiftung und Manipulation der Umwelt kommt es zu einer *inneren Umweltverschmutzung* beim Menschen. Toxische Stoffe, aufgenommen über die Nahrung und Atmung, zirkulieren im Blut und (zer)stören die hochkomplexen, rückgekoppelten Regulationssysteme der Zellen und ihre übergeordnete Steuerung durch Genom und Epigenom.

Diese innere Umweltverschmutzung hat aber auch noch eine zweite, nicht sichtbare Komponente. Diese diffundiert wie ein schleichendes Gift in unser Bewusstsein, imprägniert unsere Gedanken und steuert unsere Handlungen. Dies ist eine toxische Matrix, ein Kondensat aus dem morphischen Feld der Gesellschaft, sie durchdringt und überdeckt alles. Die Komponenten dieser Matrix sind Gier, Geiz, Neid, Missgunst, Egoismus, Missachtung des Lebens, der Natur und des Nächsten, Gewalt, Aggression, Destruktion und Verantwortungslosigkeit. Menschen, die dauerhaft in diesem *toxisch-morphischen Feld* leben, werden davon durchdrungen und, wie jetzt die Epigenetik lehrt, wird unser innerstes Wesen, das Epigenom der Zellen, dadurch beeinflusst und verändert.

Hier schließt sich der Kreis der Erkenntnis: Die durch den Menschen veränderte Umwelt hat unmittelbaren Einfluss auf unser Leben, unseren Körper, unser Denken und Fühlen, auf unsere Zellen und reicht weit in die Zukunft. Dabei wirkt die Epigenetik wie ein Dolmetscher, der die Informationen aus der Umwelt in eine molekulare Botschaft überträgt und diese in den Zellen in das Buch des Lebens einschreibt.

Nun bekommt die weise Botschaft uralter Erfahrungen, wie sie warnend im *Buch Moses* niedergeschrieben ist, eine neue, wissenschaftliche Deutung, denn fatalerweise sind auch die Zellen des Keimbahnepithels von allen Einwirkungen mitbetroffen und alle Defekte werden dann auf die nächste Generation übertragen. Daher handelt es sich um sogenannte *transgenerationale Effekte*.

Transgenerationale Effekte

Für das, was Vater und Großvater getan haben,
werden die Enkel noch büßen.

*Ich, der Herr, dein Gott, bin ein eifernder Gott,
der da heimsucht der Väter Missetat an den Kindern bis ins 3. und 4. Glied.*

Die Dramatik solcher Prozesse konnte im Tierversuch noch drei Generationen später nachgewiesen werden. Die Aufnahme von Dioxin in der Fetalzeit verursachte bei Ratten Veränderungen epigenetischer DNA-Methylierungen, die noch in der F3-Generation zu transgenerationalen Erkrankungen an Prostata, Ovar, Niere etc. führte. Auch das Epigenom der Spermien dieser Tiere zeigte ebenfalls in > 50 % Änderungen der DNA-Methylierung![1] Selbst eine einmalige Kontamination mit dem Fungizid *Vinclozolin* bewirkt noch in der 3. Generation schwere Verhaltensstörungen, Ängstlichkeit und Stressempfindlichkeit.
Die Hirnregionen der Stressregulation sind epigenetisch verändert. Weibliche Ratten meiden männliche Tiere, deren Großeltern diesem Fungizid ausgesetzt waren.[2]

Auch für den Menschen sind transgenerationale Effekte bewiesen. So beeinflussen die Ernährungsbedingungen der väterlichen Großeltern die Lebensdauer der Enkel. Sind die sozialen Lebensumstände bei den Söhnen so schlecht wie beim Vater, dann beeinflusst das ebenfalls deren Lebensdauer.[3]

---

[1] Manikkan, M., Tracy, R., et al.: PLOS One 9/2012 Dioxin (TCDD) Induces Epigenetic Transgenerational Inheritance of Adult Onset Disease and Sperm Epimutations.
[2] Crewsa, D., et al.: PNAS 2012, 109 (23): 9143 – 9148. Epigenetic transgenerational inheritance of altered stress responses.
[3] Kaati, G., Bygren, L. O. et al.: Eur J Hum Genet. 2007 Jul, 15 (7): 784 – 790. Transgenerational response to nutrition, early life circumstances and longevity.

Werdende Mütter die rauchen, induzieren transgenerationale Effekte: Der Kopfumfang von Jungen, deren Väter pränatal rauchenden Müttern ausgesetzt waren, ist kleiner. Der IQ ist niedriger, vor allem im Hinblick auf die verbale Komponente.[4]

Wenn Großväter präpubertär rauchen, dann sterben die Enkel früher, haben sie weniger zu essen, dann leben die Enkel länger.

Rauchen Väter präpubertär, sind die Söhne mit 9 Jahren adipöser.[5,6]

Erleiden Frauen in ihrer Ehe/Partnerschaft Gewalt, führt das zu einer vermehrten Methylierung des Glukokortikoid-Rezeptors bei den Kindern. Diese pränatale Prägung führt bei den Kindern zu psycho-sozialen Dysfunktionen im späteren Leben.[7]

Aus der Fülle der wissenschaftlichen Beweise mögen diese Beispiele verdeutlichen, welch große, weit in die Zukunft reichende Verantwortung jeder trägt, der Kinder in die Welt setzt.

Nun haben sich seit einigen Jahren Methoden etabliert, mit denen sich die Informationen in den Genen verändern lassen, man kann sie auch ganz ein- und ausschalten. Gen-Designer, Kloner, Tomoffel-, Dolly- und Schiegenproduzenten sind dabei, das Erbgut von Pflanzen und Tieren (mit noch nicht abschließend geklärten Langzeiteffekten auf den Menschen) zu verändern.

Auch der Mensch selbst ist bereits das Ziel solcher Eingriffe. So wird das, womit und wovon die Menschen gelebt haben, was in ihrer Umwelt Tau-

---

[4] BMJ Open. 2014 Jul 11,4 (7): Is the growth of the child of a smoking mother influenced by the father's prenatal exposure to tobacco? A hypothesis generating longitudinal study. Pembrey M1, Northstone K2, Gregory S3, Miller LL2, Golding J3

[5] Marcus E. Pembrey et al.: European Journal of Human Genetics (2006) 14, 159 – 166. Sex-specific, male-line transgenerational responses in humans.

[6] Northstone, K., Golding, J. et al.: Eur J Hum Genet. 2014 Apr 2. Prepubertal start of father's smoking and increased body fat in his sons: further characterisation of paternal transgenerational responses.

[7] Radtke, K. M., Ruf, M., et al.: *Translational Psychiatry* (2011) 1, e21; doi: 10.1038/tp. 2011.21 Transgenerational impact of intimate partner violence on methylation in the promoter of the glucocorticoid receptor

sende von Jahren Bestand hatte, kurzfristig im innersten Wesen verändert. Das aber wird mit hoher Wahrscheinlichkeit, wenn man in evolutionärem Maßstab denkt, nachhaltig auf den Menschen zurückwirken.

Als im Jahr 2001 die Sequenzierung des gesamten menschlichen Genoms durch Craig Venter vollendet wurde, hatte man in Euphorie angenommen, nun den *Stein der Weisen* in Händen zu halten, der es ermöglicht, alle Erkrankungen zu erkennen und erfolgreich zu behandeln.
Schnell wurde klar, dass dies ein Irrtum war. Man erkannte, dass in den Genen die Informationen niedergeschrieben sind, die uns zur Spezies *Mensch* haben werden lassen und dass darüber hinaus (epi-griechisch) eine zweite Informationsebene existiert, die dem Leben seine ungeheure Plastizität, Anpassungsfähigkeit und Beeinflussbarkeit verleiht.
Der Mechanismus, der diese Vorgänge exekutiert, wird *Epigenetik* genannt.

Die Epigenetik ist also das Verbindungsglied zwischen Genen und Umwelt. Sie überträgt die Informationen, die für unser Leben und Überleben wichtig sind, in eine molekulare Botschaft, die dann in das Buch des Lebens eingeschrieben wird und einer Betriebsanleitung entspricht.
Die in den Genen gespeicherten Informationen werden dadurch nicht geändert, es geht um das Ein- und Ausschalten dieser Informationen. Es erklärt das Phänomen unterschiedlicher Phänotypen bei identischer Genstruktur. Die über 200 verschiedenen Zelltypen unseres Körpers sind alle genetisch identisch. Ebenso verhält es sich bei Bienen, wo Königin und Arbeiterinnen trotz immenser Unterschiede alle genetisch gleich sind.

Über die Zusammenhänge von Traumatisierung und Epigenomik und deren gesellschaftsrelevante Folgen

Die Traumatisierung von Kindern hat viele Facetten. Sie schleicht sich ein in den *paradiesischen* Zustand der intrauterinen mütterlichen Geborgenheit. In ihrem Gepäck hat sie die Gifte der kontaminierten Natur, die vielfältigen hormonellen Botschaften von Stress und Angst ihrer getriebenen und allein gelassenen Mütter. Wie ein polternder Bote des Schreckens kommt es über sie, in Gestalt von Missbrauch und Misshandlung, aber auch unsichtbar wie der Hauch des Todes als Vernachlässigung und verbaler Demütigung aus den Mündern der Erwachsenen. Die Unantastbarkeit ihrer Menschenwürde wird zunehmend häufig verletzt. Viele verlieren frühzeitig ihre körperliche und molekulare Unschuld, ihre jungen und reinen Seelen werden zerstört.

Die Saat dieser epigenomischen Destruktion, die das Erfahrene und Erlittene plastisch in die Entwicklung von Körper, Geist und Seele umsetzt, erscheint uns dann später als auffällig, krank und besorgniserregend. In Wirklichkeit ist es nichts anderes als das materialisierte, Gestalt gewordene Unrecht der Erwachsenen an ihren ungeborenen und schutzbefohlenen Kindern.

Nun belegen neueste wissenschaftliche Erkenntnisse, dass eine Traumatisierung von Kindern in der sensiblen Phase der Gehirnentwicklung dramatische Folgen im Epigenom der sich entwickelnden Kinder hinterlässt. Diese führen im weiteren Lebensverlauf zu vielfältigen Verhaltensstörungen und dadurch auch zu gesellschaftsrelevanten Problemen:

Die Effekte der Traumatisierung bieten das ganze Programm psychologischer Auffälligkeiten: Stressintoleranz, Persönlichkeitsveränderungen, Autismus, neurophysiologische Entwicklungsdefizite, situationsunangemessene Handlungen, Aggressionen, Regulationsstörung emotionaler Prozesse, Suizide, Delinquenz.

Die bisher nur im Tierversuch aufgezeigten epigenomischen Traumatisierungsschäden sind nun auch für Menschen belegt:

Bei Suizidopfern, die in ihrer Jugend Missbrauch erfahren hatten, war die Expression des Glucokortikoid-Rezeptors im Hippocampus, eines der wichtigsten Stressregulationszentren im Gehirn, durch Methylierung blockiert. Suizidopfer ohne Missbrauch in der Jugend wiesen diese Veränderungen im Hippocampus nicht auf.

Diese Blockade führt zur Unfähigkeit, auf Stressbelastungen angemessen zu reagieren.[8]

Die neu gewonnenen Erkenntnisse werden für die Gesellschaft weittragende Konsequenzen haben, denn nun ist das belegt, was man sich bisher kaum vorstellen konnte: dass äußere Einflüsse wie Traumata ein nachweisbares molekulares Substrat haben, einen Beweis für die Störung der zellulären, epigenomischen Integrität.

Auf den makroskopischen Bereich übertragen bedeutet das, dass die Traumatisierungseffekte einer schweren körperlichen Misshandlung entsprechen, die selbstverständlich einer entsprechenden juristischen Aufarbeitung unterliegen müsste.

In der Konsequenz dieser Erkenntnisse muss auf allen Ebenen im Umgang mit Schutzbefohlenen das Bewusstsein dafür geweckt werden, dass jede unserer Handlungen, bewusst oder unbewusst, mit einem hohen Maß an immanenter Verantwortlichkeit mit Folgewirkung verbunden ist und dass jegliche Traumatisierung, die zu einer Veränderung des epignomischen Profils der Zelle führt, den Tatbestand der Verletzung der Menschenwürde erfüllt!

---

[8] Patrick O. McGowan, Aya Sasaki, Ana C. D'Alessio, Sergiy Dymov, Benoit Labonté, Moshe Szyf, Gustavo Turecki & Michael J. Meaney: *Nature Neuroscience* 12, 342 – 348 (2009). Epigenetic regulation of the glucocorticoid receptor in human brain associates with childhood abuse.

Denn es steht geschrieben:
*** Die Würde des Menschen ist unantastbar.***
Sie zu achten und zu schützen, ist Verpflichtung aller staatlicher Gewalt. Die staatliche Schutzpflicht umfasst auch den Schutz für das ungeborene Leben. Wo menschliches Leben existiert, kommt ihm Menschenwürde zu; es ist nicht entscheidend, ob der Träger sich dieser Würde bewusst ist und sie selbst zu wahren weiß. Die von Anfang an im menschlichen Sein angelegten potenziellen Fähigkeiten genügen, um die Menschenwürde zu begründen.

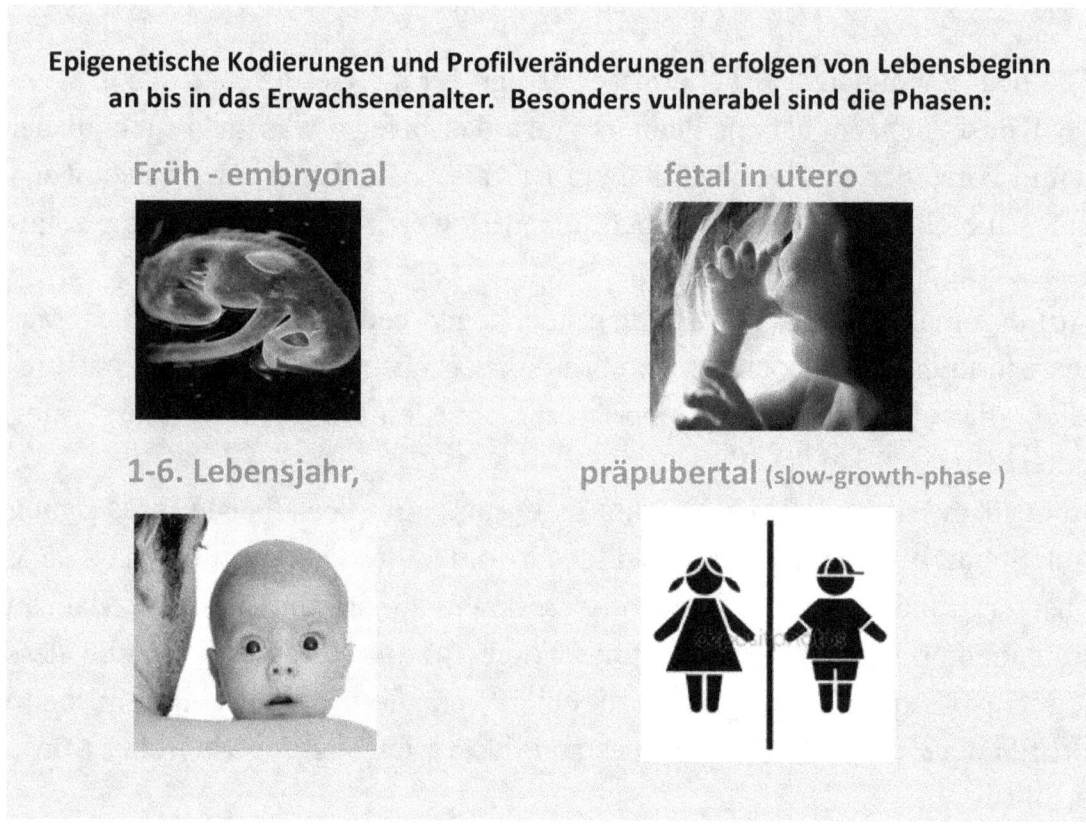

Strukturelle Basis unseres Mensch-Seins ist die Zelle und in jeder Zelle ist das Wesen unseres Menschseins im Buch des Lebens genetisch und epigenetisch kodifiziert und niedergeschrieben. Dort ist die Genetik die verantwortliche Betriebsanleitung für alles, was uns als Spezies *Mensch* auszeichnet.

Die Epigenetik ist der *Dolmetscher*, der alle Informationen aus unserer Umwelt, die für unser Leben und Überleben wichtig sind, in eine molekulare Botschaft überträgt und sie in das Buch des Lebens einschreibt.
Sie ist die Basis für Anpassungsfähigkeit und Plastizität des Lebens. Unsere Gene sind der gestaltgewordene Geist der Evolution.

Kommt es während der Embryonal- und Fetalphase zu epigenomischen Profilschäden der Zellen, z. B. durch Aufnahme toxischer Substanzen durch die Mutter, so sind damit physische und psychische Fehlentwicklungen des Kindes verbunden,[9,10,11,12,13,14,15,16,17,18] die die in Artikel 1 des

---

[9] Janie F. Shelton,1 Estella M. Geraghty,2 Daniel, et al.: J. Children's Health Volume 122 Issue 10 October 2014: Neurodevelopmental Disorders and Prenatal Residential Proximity to Agricultural Pesticides: The CHARGE Study.

[10] Perera, F. P., Rauh, V., Whyatt, R. M. et al.: Neurotoxicology. 2005 Aug;26(4):573 – 587.
A summary of recent findings on birth outcomes and developmental effects of prenatal ETS, PAH, and pesticide exposures.

[11] Markunas, Ch., Zongli Xu, Harlid, S.: Environ Health Perspect; 2014, 122 (10) DOI:10.1289/ehp.1307892 Identification of DNA Methylation Changes in Newborns Related to Maternal Smoking during Pregnancy.

[12] Whyatt, R. M., Perzanowski, M. S., Just, A. C. et al.: *Environ Health Perspect*; 2014, 122 (19) DOI:10.1289/ehp.1307670: Asthma in Inner-City Children at 5 – 11 Years of Age and Prenatal Exposure to Phthalates: The Columbia Center for Children's Environmental Health Cohort.

[13] Medardo Avilar. Bittere Ernte: SZ Magazin 21. Nov. 2014

14 Maryse F. Bouchard, Jonathan Chevrier, Kim G. Harley, et.al: Environ Health Perspect 119, 1189 – 1195 (2011). Prenatal Exposure to Organophosphate Pesticides and IQ in 7 – Year-Old Children.

[15] Jurewicz, J., Polanska, K., Hanke, W. Q.: Int J Occup Med Environ Health. 2013 Apr, 26 (2): 185 – 204. doi: 10.2478/s13382-013-0099-x. Epub 2013 May 28.:Exposure to widespread environmental toxicants and children's cognitive development and behavioral problems.

[16] Jean D. Brender et al.: Annals of Epidemiology, 2010: Volume 20, (1): 16 – 22 Maternal Pesticide Exposure and Neural Tube Defects in Mexican Americans.

[17] Rosignaol, D. A., Genuis, S. J., Freye, R. E.: Transl Psychiatry. 2014 Feb 11, 4: e360. doi: 10.1038/tp.2014.4. Environmental toxicants and autism spectrum disorders: a systematic review.

[18] Wigle, D. T., Arbuckle, T. E, et al.: J Toxicol Environ Health B Crit Rev. 2007 10 (1 –

Grundgesetzes garantierte Unantastbarkeit der menschlichen Würde unterläuft. Daher muss auch die noch *unbewusste* Zelle unter dem besonderen Schutz des Grundgesetzes stehen, denn in ihr offenbaren sich in Form einer molekularen Botschaft bereits das Wesen und die Würde des erwachsenen Menschen.

Frühkindliche Traumata führen zu auffälligen Veränderungen im Gehirn, wobei anzumerken ist, dass der Begriff *Trauma* den ganzen Katalog physischer, psychischer und toxischer Schädigungen gegen Kinder beinhaltet, z. B. Misshandlung, Missbrauch, Vernachlässigung, verbale Erniedrigung, toxische Substanzen wie Pestizide, Rauchkondensate etc.
1. Diese können sich **makroskopisch** in einer Gewichtsreduktion des gesamten Gehirns widerspiegeln sowie auch in einer Abnahme des Volumens bestimmter Areale wie z. B. Hippocampus, Frontalkortex etc. Im mikroskopischen Bereich sind Morphologie und Struktur verändert.
2. Im **molekularen** Bereich erfährt das Epigenom durch Methylierungsprozesse strukturelle Veränderungen. Es werden Gene (z. B. COMT, FKPB5, Serotonin-Transponder, MAO) und Rezeptoren (z. B. Glukokortikoid), die für die Regulation emotionaler Prozesse wichtig sind, moduliert und stillgelegt.

---

2): 3 – 39: Environmental hazards: evidence for effects on child health.

Die Besonderheiten der frühkindlichen Gehirnentwicklung

	Intrauterin pränatal		Kita Klein-	KG Kind	Schule Schulkind	Jugendliche	Adult
SSW	4 8 12 16 20 24 28 32 36	0	1 2	3 4 5	6 7 8 9 10 11	12 13 14	16 18 Jahre
Umfang in cm		36 cm	46	49			56 cm
Gehirngewicht		300 g	750 g	1300 g			1400 g
Energieverbrauch(%)O2-Glucose		60 %	66 %	66%			20%

Neurale Migration

Myelinisierung

Synaptogenese

Traumata, die während der sensiblen Entwicklungsphasen auf das Gehirn einwirken, führen zu morphologischen und molekularen Strukturveränderungen, mit gravierenden Folgen für die Betroffenen und die Gesellschaft.

⬇

Streßintoleranz, Verhaltensstörungen, Regulation emotionaler Prozesse gestört, Aggressionen, Persönlichkeitsveränderungen, streßunangemessenen Handlungen, Suizide

Obige Grafik zeigt die entscheidenden Phasen der kindlichen Gehirnentwicklung. Die Bildung des neuronalen Netzwerkes erfolgt dadurch, dass die bei Geburt vorliegenden 100 Milliarden Nervenzellen über die Synapsenbildung untereinander verbunden werden. Die Myelinisierung bewirkt dann die Isolation der Neuronen. Dadurch ist ihre Funktion gewährleistet und die Leitungsgeschwindigkeit wird extrem erhöht. Die Dynamik dieses Prozesses zeigt sich in der rasanten Gewichts- und Volumenzunahme des Gehirns, sowie in dem hohen Energieverbrauch, der mit 60 – 66 % Anteil am Gesamtenergieverbrauch in der Zeit von Geburt bis Schuleintritt später nicht wieder erreicht wird.[19,20]

Bereits mit der Geburt sind alle Nervenzellen (ca. 100 Milliarden), die im weiteren Verlauf zur strukturellen Basis des Gehirns gehören, vorhanden. Nur die Anzahl der Verbindungen zwischen den Nervenzellen, die Synapsen, nehmen in den ersten drei Lebensjahren rasant zu. In dieser Zeit entsteht das hochkomplexe neuronale Netz, in dem jede Nervenzelle mit Tausenden anderen Neuronen verbunden ist.

Mit zwei Jahren haben Kleinkinder so viele Synapsen wie Erwachsene und mit drei Jahren sogar doppelt so viele. Diese Zahl bleibt dann etwa bis zum zehnten Lebensjahr konstant. In den darauffolgenden Jahren verringert sich die Zahl der Synapsen wieder um die Hälfte. Ab dem Jugendalter treten bei der Zahl der Synapsen keine größeren Veränderungen mehr auf.

Die große Zahl der Synapsen bei Zwei- bis Zehnjährigen ist ein Zeichen für die enorme Anpassungs- und Lernfähigkeit der Kinder in diesem Alter. Art und Anzahl der sich formenden und bestehen bleibenden Synapsen hängen mit speziellen erlernten Fertigkeiten zusammen. Bei der weiteren Entwicklung des Gehirns treten dann andere Dinge in den Vordergrund. Die wenig benutzten und offenbar nicht benötigten Verbindungsstellen werden abgebaut.

Das Gehirn besteht aus rund 100 Milliarden Nervenzellen (Neuronen), die über 100 Billionen Synapsen (Kontaktstellen) mit anderen Neuronen kommunizieren. Somit ist eine Nervenzelle im Durchschnitt mit 1.000 anderen Neuronen verbunden.

---

[19] Tau, G. Z., Peterson, B. S.: Neuropsychopharmacology. 2010 Jan; 35 (1): 147 – 168. doi: 10.1038/npp.2009.115. Normal development of brain circuits.
[20] Bryan Kolb, Robin Gibb, J.: Can Acad Child Adolesc Psychiatry. 2011 Nov; 20 (4): 265 – 276. Brain Plasticity and Behaviour in the Developing Brain

Neuronen machen aber nur die Hälfte der Masse des Gehirns aus. Die andere Hälfte besteht aus den sehr viel kleineren Gliazellen – ihre Zahl ist etwa zehnmal höher als die der Nervenzellen. Gliazellen bilden ein Stützgerüst für die Neuronen und sind am Stoff- und Flüssigkeitstransport im Gehirn beteiligt. Sie umhüllen die Axone segmentweise mit einer Myelinschicht, wobei kleine Bereiche, sogenannte *Ranviersche Schnürringe*, zwischen jeweils zwei Segmenten unbedeckt bleiben. Diese Myelinschicht sorgt für die elektrische Isolation der Nervenzellen.
Mit der Myelinisierung der Axone nimmt die Geschwindigkeit der Informationsübertragung um das Sechzehnfache zu.

Das Gehirn eines Dreijährigen ist mehr als doppelt so aktiv wie das eines Erwachsenen und hat somit auch einen fast doppelt so hohen Glukoseverbrauch.[21] Bis zu 50 % des täglichen Kalorienbedarfs wird für das Gehirn benötigt; bei Erwachsenen sind es nur rund 18 %. Ferner verbraucht das Gehirn 20 – 25 % des vom Körper aufgenommenen Sauerstoffs.
Verbunden mit dem rasanten Wachstum von Synapsen ist eine rasche Gewichtszunahme des Gehirns: von 300 g bei der Geburt über 750 g am Ende des ersten Lebensjahres bis 1.300 g im fünften Lebensjahr. In der Pubertät wird schließlich das Endgewicht erreicht. Die im dritten Lebensjahr erreichte Anzahl von Synapsen bleibt bis zum Ende des ersten Lebensjahrzehnts relativ konstant. Bis zum Jugendalter wird dann rund die Hälfte der Synapsen wieder abgebaut, bis die für Erwachsene typische Anzahl von 100 Billionen erreicht wird.
Das bedeutet: Es wird ein riesiges Reservoir an Synapsen vorgehalten. Wie viele davon letztendlich strukturell integriert und Basis der Leistungsfähigkeit des Gehirns werden, hängt von Umfang und Art der Informationen ab, die das Gehirn aufnimmt und verarbeitet. So bestimmt die Umwelt – das in ihr Erfahrene, Gelernte, Erlebte, Aufgenommene – zu einem großen Teil

---

[21] Kuzawa, Ch. W., Chuganic H. T. et al.: 2014: PNAS, Vol 111,36. 13010 – 13015: Metabolic costs and evolutionary implications of human brain Development.

die Struktur des Gehirns und erklärt seine enorme Plastizität und Lernfähigkeit. Es zeigt aber auch, dass Störungen dieses integrativen Prozesses[22] schwerwiegende Folgen haben können, wie *Falschverdrahtungen* des neuronalen Netzes mit fehlerhafter Kommunikation oder, bei Nichtinanspruchnahme in der Phase der Synaptogenese, die Ausbildung eines Netzes ohne Kompetenz, denn nicht gebrauchte Synapsen werden eliminiert.
So bleibt festzuhalten, dass die Entwicklung des Gehirns maßgeblich von seiner Umwelt mitbestimmt wird und nur die Grundlage dieser Entwicklung genetisch determiniert ist. Das erwachsene Gehirn ist dann nur noch begrenzt veränderbar und umbaufähig.

Die physiologischen Besonderheiten und die Störanfälligkeit der kindlichen Gehirnentwicklung erklären die negativen Einflüsse von Traumatisierungen aller Kategorien auf seine morphologisch-molekulare Struktur und Funktion.

Prinzipien der epigenetischen Steuerungsmechanismen

Zum besseren Verständnis der Zusammenhänge zwischen Traumatisierung und den molekularen, epigenetischen Strukturveränderungen, sollen die Prinzipien des Steuerungsmechanismus hier noch einmal kurz dargestellt werden.

Wie in Abbildung 4 zu sehen, ist die DNA um sogenannte *Histone* aufgewickelt, sie werden damit sozusagen verpackt. Diese Verpackungsstruktur nennt man *Nukleosomen*. Hier bilden DNA und Histone eine funktionelle Einheit.
Das bedeutet, dass die Verpackungsstruktur darüber entscheidet, welche Sequenzen der DNA zum Ablesen, Kopieren und Reparieren freigegeben werden.

---

[22] Nelson, C. A., Bos, K. et al.: Monogr Soc Res Child Dev. 2011 Dec;76 (4): 127 – 146. The Neurobiological Toll of Early Human Deprivation.

An die freien Enden der Histonproteine, den Lysinresten der Aminsäure *Lysin*, werden bestimmte Molekülgruppen angehangen. Es handelt sich dabei um Methyl-, Acetyl-, Phosphat- und Ubiquitingruppen (siehe Abb. 5). Ähnlich wie bei der DNA, wo der genetische Code aus den vier Basen Adenin, Guanin, Cytosin und Thymin besteht, erfolgt die epigenetische Codierung mit diesen vier Molekülgruppen. Hierdurch kommt es, je nach angehangener Molekülgruppe, zu einer unterschiedlichen elektrischen Ladung, was die Packungsdichte verändert und darüber entscheidet, welche DNA-Sequenz freigegeben oder geschlossen wird. Methylierung bewirkt z. B. eine Stillschaltung, Azetylierung hingegen ein Einschalten. Mit vier Variablen besitzt der epigenetische Code eine statistisch ähnliche Codierungsmöglichkeit wie der genetische Code.

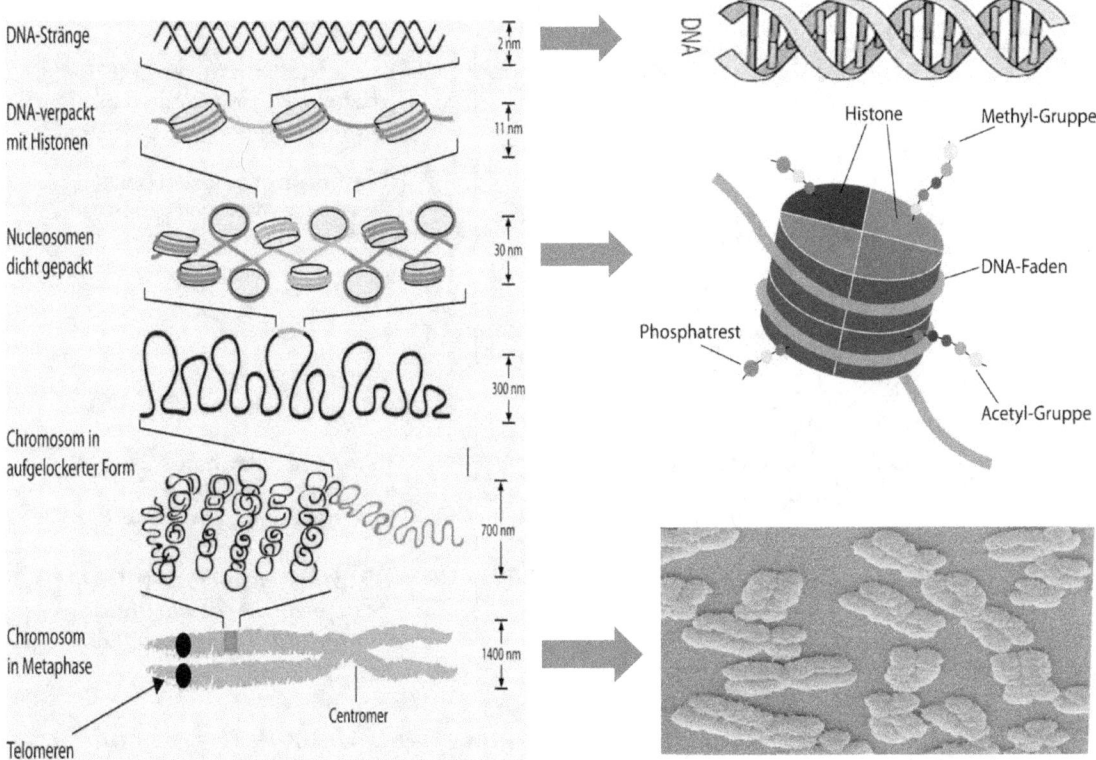

Abb. 4: *Die Strukturelemente der DNA in ihren unterschiedlichen Erscheinungsformen vom Einzelstrang bis zum Chromosom. Die Funktion (Genaktivität) ändert sich auch mit der morphologischen Struktur.*

Im unteren Bereich der Abbildung 4 sind auch an den Chromosomen die *Telomere* dargestellt, die Schutzkappen an den Chromosomenenden. Diese werden durch z. B. Traumatisierungen verkürzt. Wenn dann der Schwellenwert an Verkürzung erreicht ist, entfällt ein ganzer Chromosomenabschnitt mit evtl. tausenden von Genen, was dann – verständlicherweise – zu zellulären Regulationsstörungen führt.

I. **Wie entstehen epigenomische Veränderungen/Schäden, die nach Traumatisierungen nachgewiesen werden konnten?**

a) **Durch Veränderung der Histonverpackung:**

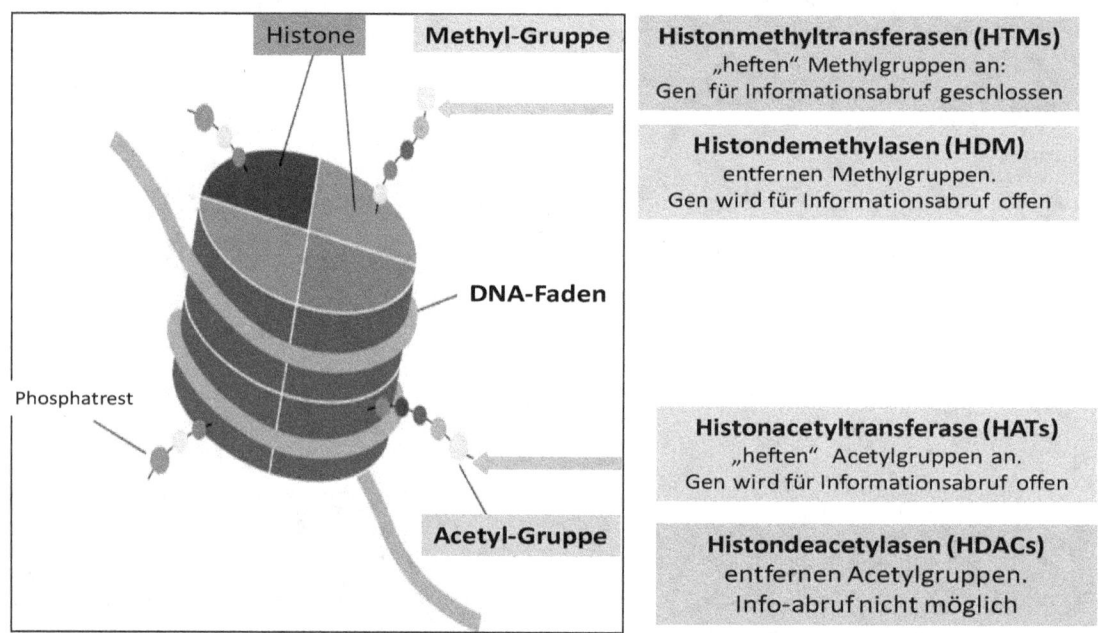

:

Abb. 5: *Durch Entfernen oder Übertragung von Methyl- (CH3) und Acetylgruppen an Lysinmoleküle der Histone, können Gene ein- und ausgeschaltet werden. Die Genstruktur (DNA) wird dadurch nicht verändert.*

b) Durch Veränderung der Methylierungsmuster unmittelbar an der DNA:

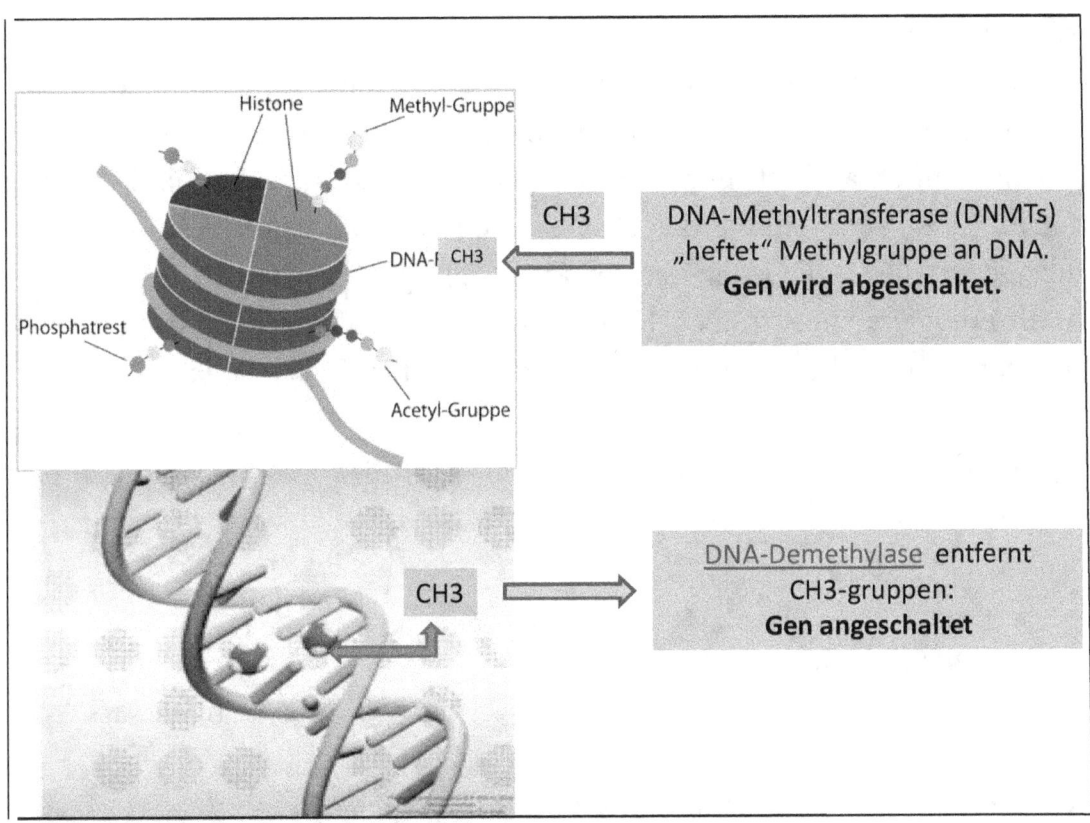

Abb. 6: *Die zweite Möglichkeit einer epigentischen Modulation besteht in der Anheftung bzw. Entfernung von Methylgruppen unmittelbar an der DNA, was durch DNA-Methyltransferasen bzw. DNA-Demethylasen exekutiert wird.*

II. Schäden, die unmittelbar an der DNA auftreten

Außer den epigenetischen Strukturveränderungen können unmittelbare Schäden an der DNA als Verursacher von Erkrankungen und Krebs auftreten. Diese Schäden führen zu fehlerhaften Kopien der DNA-Stränge und wirken sich dann in den Tochterzellen wie eine Mutation aus.

Wie kann es dazu kommen?
Binden sich Karzinogene, z. B. polyzyklische aromatische Kohlenwasserstoffe, Nitrosamine, Benzpyrene (Autoabgase) etc., an die DNA an, so entstehen dadurch an bestimmten Stellen Defekte und/oder Addukte, was bei der nächsten Verdopplung der DNA-Stränge zu einem Informationsverlust führt, denn die Kopie ist an der defekten Stelle ja fehlerhaft.
Auch energiereiche Strahlen (Röntgenstrahlen, radioaktive Strahlung wie sie nach z. B. Tschernobyl frei wurde) verursachen DNA-Schäden.

Abb. 7: *DNA-Addukt (links) und defektes Gen (rechts).*

Defekte an Genen wirken sich aus wie ein Gebiss, in dem Zähne fehlen. Folge: Im Abdruck fehlen dann repräsentative Anteile des Gebisses!

Pestizide verursachen eine molekulare Traumatisierung
Viele Chemikalien, die in der Agrarindustrie zur Unkraut-, Insekten- und Pilzbekämpfung angewandt werden, sind als toxisch und gefährlich einzustufen, weil sie epigenomische Profilveränderungen und DNA-Schäden hervorrufen, die für ein breites Spektrum von Krankheiten und Verhaltensstörungen bei Tieren und Menschen verantwortlich sind. Als Verursacher

wurden schon identifiziert: Lindan, Organophosphate wie Chlorpyrifos, Pyrethroide, Endosulfan, natürliches Pyrethrum, Transflutrin, PCP, Cyfluthrin, Carbosulfan, Fenvalerat

Es wurden auch transgenerationale Effekte belegt, das heißt, die induzierten Defekte schleppen sich von Generation zu Generation weiter und schaukeln sich bei Weiterbestehen der Noxen hoch in eine Spirale der Verschlimmerung.

Die vielen wissenschaftlichen Belege für die Zusammenhänge zwischen Krebsentstehung, Fehlbildungen, Verhaltensstörungen etc. und dem großflächigen, transkontinentalen Besprühen und Vergiften fast der gesamten uns umgebenden Biosphäre mit toxischen Substanzen, sollten die Verantwortlichen des Polit-Agrar-Komplexes zu intellektueller Einsicht und Vernunft bringen. Wir bekommen nicht nur die ökonomischen und gesellschaftlichen Probleme der Globalisierung zu spüren, sondern die schlimmen, nachhaltigen Folgen einer weltweiten Globalisierung der Vergiftung.

Jeder, der noch eine unvoreingenommene Außenwahrnehmung hat, und die Dinge der Welt um sich herum nicht wie ein Autist wahrnimmt, müsste den schleichenden Vergiftungsprozess bemerken, der bereits Flora, Fauna, Biosphäre, Luft und Meere durchdrungen hat. Und dann wird man zur Kenntnis nehmen müssen, dass auch wir Menschen nur Teil eines komplexen, rückgekoppelten weltweiten Organismus sind, in dem wir uns in unverantwortlicher Weise auf Kosten des Gesamtsystems an die Spitze der ökologischen Kette gepuscht haben. – Diese Kette hat bereits viele Glieder eingebüßt und droht ihre Zugfestigkeit zu verlieren.

Von den großen unmittelbar bevorstehenden Verlusten, wie dem Verschwinden von Bienen und Fischen, weiß man schon, doch das schleichende, endgültige Verschwinden von großen Teilen des Lebens in seiner unterschiedlichen phänotypischen Ausbildung in unserer Welt, nimmt man meist nur statistisch als dokumentierten Verlust der Biodiversität wahr.

Doch machen wir uns nichts vor, auch das hängt zusammen mit der weltweiten Vergiftung durch toxische Substanzen und diese haben auch den Menschen bereits durchdrungen. Sie dringen schon pränatal in den Embryo ein und stören seine Entwicklung mit Folgen für sein ganzes späteres Leben.[9-18] Die Kontamination mit polyzyklischen-aromatischen Kohlenwasserstoffen führt zu Methylierungsveränderungen am Gen für p53 und IL12 und erhöht damit das Risiko für Krebs.[23] In Gebieten, in denen das Pestizid *Malathion* versprüht wurde, stieg die Mammakarzinominzidenz um das Fünf- bis Siebenfache an.[24] Neue Studien zeigen die Zusammenhänge zwischen Pestiziden und der Entstehung von Non-Hodgkin-Lymphomen.[25,26,27,28,29,30] (Alavanja et al. 2014: *Our results sho-*

---

[23] Jorge Alejandro, Alegría-Torres et al.: *Chemosphere* 2013: 91, 475 – 480. Epigenetic markers of exposure to polycyclic aromatic hydrocarbons in Mexican brickmakers: A pilot study.

[24] Gertrudis Cabello*; Mario Valenzuela-Estrada et al.: Int. J. Morphol, 31 (2): 640 – 645, 2013. Relation of Breast Cancer and MalathionAerial Spraying in Arica, Chile

[25] Schinasi, L., Leon, M. E.: Int J Environ Res Public Health. 2014 Apr 23, 11 (4): 4449-527. doi: 10.3390/ijerph110404449. Non-Hodgkin lymphoma and occupational exposure to agricultural pesticide chemical groups and active ingredients: a systematic review and meta-analysis.

[26] Lavanja, M. C., Hofmann, J. N., Lynch, C. F. et al.: PLoS One. 2014 Oct 22, 9 (10): e109332. doi: 10.1371/journal.pone.0109332. eCollection 2014. Non-hodgkin lymphoma risk and insecticide, fungicide and fumigant use in the agricultural health study.

[27] Lynch SM1, Mahajan R, Beane Freeman LE, Hoppin JA, Alavanja MC.Environ Res. 2009 Oct, 109 (7):860-8. doi: 10.1016/j.envres.2009.06.006. Epub 2009 Jul 16. Cancer incidence among pesticide applicators exposed to butylate in the Agricultural Health Study (AHS).

[28] Plasma organochlorine levels and risk of non-Hodgkin lymphoma in a cohort of men. Bertrand, K. A, Spiegelman, D, Aster, J. C., Altshul, L. M., Korrick, S. A., Rodig, S. J., Zhang, S. M., Kurth, T., Laden, F.: Epidemiology. 2010 Mar, 21 (2): 172-80. doi: 10.1097/EDE.0b0 13e3181cb610b.

[29] Freeman, M. D., Kohles, S. S.: J Environ Public Health. 2012, 2012: 258981. doi: 10.1155/2012/258981. Epub 2012 Apr 3. Plasma levels of polychlorinated biphenyls, non-Hodgkin lymphoma, and causation.

[30] Engel, L. S., Laden, F., Andersen, A., et al.: Cancer Res. 2007 Jun 1, 67 (11): 5545-52. Polychlorinated biphenyl levels in peripheral blood and non-Hodgkin's lymphoma: a report from three cohorts.

wed pesticides from different chemical and functional classes were associated with an excess risk of NHL and NHL subtypes. Lynch et al. 2009: *Statistically significant increased risks and exposure-response trends were seen for all lymphohematopoietic cancers.*)

Pestizide, die auch als sogenannte *Endocrine-disrupting-Chemicals* wirken, wie z. B. der DDT-Abkömmling DDE und PCB, führen bei längerer Exposition vermehrt zu Prostata- und Brustkrebs.[31] Kinder mit erhöhter Konzentration des Pestizids *Chlorpyrifos* im Nabelschnurblut, hatten zerebrale Kortexveränderungen mit messbaren Volumenveränderungen und Strukturverdünnung in anderen Regionen.[32] In einer weiteren Studie wurde gezeigt, dass erhöhte Chlopyrifoswerte (> 6.17 pg/g Nabelschnurblut) zu mentalen und psychomotorischen Entwicklungsstörungen führen.[33]

Es sei nochmals daran erinnert, dass die Moleküle der Pestizide und Insektizide ihre Wirkung bereits im Pikogrammbereich entfalten!

Es ist nur schwer nachvollziehbar, dass man vor dem Hintergrund des Wissens um die Gefährlichkeit, Langzeitdynamik und die additive Wirkung dieser Stoffe, dem aktuell am häufigsten versprühten Pestizid *Glyphosat* eine Unbedenklichkeitsbescheinigung ausstellt und die damit verbundenen Risiken als *nicht sehr groß* bezeichnet (Bundeskanzlerin Merkel in: *FAZ*, 20.08.2016). Diese Aussage bedeutet, dass man zugibt, dass Risiken durchaus vorhanden sind und man sie zum ökonomischen Nutzen der Agrarindustrie billigend in Kauf nimmt, obwohl zahlreiche neue Studien auf signifikante gentoxische, reproduktionstoxische und hormonelle Wir-

---

[31] Emeville, E., Giusti, A., Coumoul, X. et al.: Environ Health Perspect. 2015 Apr, 123 (4): 317 – 323. doi: 10.1289/ehp.1408407. Epub 2014 Nov 21. Associations of plasma concentrations of dichlorodiphenyldichloroethylene and polychlorinated biphenyls with prostate cancer: a case-control study in Guadeloupe.

[32] Davie Biello: Scientific American. 2012. Common Pesticide *Disturbs* the Brains of Children

[33] Lovasi, G., Rauh, V.: Child and Adolescent Health, environmental Health: 2010: Pesticide Chlorpyrifos is linked to Childhood Developmental Delays.

kungen hinweisen, einschließlich des Zusammenhangs mit der Entstehung von Krebs.

Es wird auch nicht berücksichtigt, dass durch den gleichzeitigen Einsatz meist mehrerer diverser toxischer Substanzen enorme additive u/o potenzierende Wirkungen entfaltet werden, die bei der Einzelanalyse natürlich nicht nachzuweisen sind:

Glyphosat wirkt im Pikogrammbereich, wird im Wasser und im Boden in recht hohen Konzentrationen nachgewiesen (Wasser: 0.10 – 0.70 Milligramm pro Liter (mg/l) und Boden: 0.5 – 5.0 mg/kg)[34]. Selbst im Regen wurde es in hohen Konzentrationen nachgewiesen (USA: 0.2 -2.5 Mikrogramm pro Liter (µg/l), Argentinien: 14 – 69 mg/l)[35]. Glyphosat wird zu 30 – 36 % gastrointestinal resorbiert und schnell in zwei bis sechs Stunden im Organismus verteilt. Es wird zu 95 % über den Urin ausgeschieden.

Nun wurden in einer Studie im Serum von Menschen Glyphosatwerte zwischen 0.27 und 0.58 µg/l gemessen.[36] Diese Werte sind hoch, vor allem vor dem Hintergrund einer über 95-prozentigen Ausscheidung über den Urin. Das bedeutet, die Betroffenen müssen über die Nahrung hohe Konzentrationen aufgenommen und auch kurzfristige noch höhere Konzentrationen im Blut gehabt haben.

Auch in der Muttermilch wurde Glyphosat in einer Konzentration von 76 – 166 µg/l nachgewiesen. Wie die Initiative *The Detox Program* berichtet, überschreiten diese Mengen die in der Europäischen Union zulässigen Höchstwerte für Trinkwasser um das 760- bis 1600-Fache. In den USA liegt der entsprechende zulässige Höchstwert bei 700 µg/l. Demnach nehmen gestillte Babys mit jeder Mahlzeit Glyphosat auf.

---

[34] Peruzzo, P. J., Porta, A. A., Ronco, A. E.: Environ Pollut. 2008 Nov, 156 (1): 61 – 66. doi: 10.1016/j.envpol.2008.01.015. Epub 2008 Mar 4. Levels of glyphosate in surface waters, sediments and soils associated with direct sowing soybean cultivation in north pampasic region of Argentina.
[35] Chang, F. E., Simcik, M. F., Capel, P. D.: 2011: School of public health, Univers. Minnesota, Minneapolis. Water Resources Center Annual Technical Report-FY 2010
[36] Kübler, U., Köster, August: 2016. Pub. in Vorb.

Eine In-vitro-Untersuchung, die die Größenordnung simulieren sollte, in der Menschen Glyphosat ausgesetzt sind, ergab, dass Glyphosat die Plazentaschranke überwindet. In der Studie gelangten 15 % des zugeführten Glyphosats in den Fötal-Bereich.

Der Grenzwert pro Kilo Sojabohnen liegt bei 20 mg/kg. In argentinischen Export-Sojabohnen betrug er 96 mg/kg! So werden bereits die ungeborenen und kleinen Kinder ungefragt mit einem breiten Spektrum toxischer Substanzen kontaminiert und sie haben ein nicht geringes Risiko, dass sie dadurch Schäden für ihr ganzes Leben davontragen.

Obwohl man die Gefährlichkeit der toxischen Substanzen und ihre transgenerationalen Effekte kennt, werden Schäden mit Rücksicht auf ökonomische Interessen billigend in Kauf genommen. Vor dem Artikel 1 des Grundgesetzes, der Unantastbarkeit der Würde des Menschen und dem Recht unserer Kinder, unversehrt in das Leben einzutreten, muss man dieses Verhalten unserer demokratischen Gesellschaft als rücksichtslos und unverantwortlich bezeichnen.

Effekte von Traumatisierungen im Kindesalter

A) Verhaltensstörungen nach kindlicher Traumatisierung

In zahlreichen Studien konnte belegt werden, dass frühkindliche Traumatisierungen zu psychologischen Auffälligkeiten mit Verhaltensstörungen führen. Man konnte zeigen, dass die frühe Trennung der Kinder von ihren vertrauten Betreuenden, Missbrauch, Vernachlässigung und soziale Entbehrungen zu lang anhaltenden Verhaltens- und neurokognitiven Defiziten bei den Betroffenen führen. Es kommt gehäuft zu Angst-, Aufmerksamkeits- und Persönlichkeitsstörungen, Substanzmissbrauch[37,38,39], Störungen der Bindungsfähigkeit[40] sowie in der Kontrolle von Emotionen, Impulsivität und Ärger.[41] Die Wahrnehmungen sind geprägt von Misstrauen und Feindseligkeit,[42] es kommt häufiger zu psychotischen Entwicklungen.[43]

Der Katalog derartiger Verhaltensstörungen hat natürlich gesellschaftsrelevante Implikationen, denn sie erschweren in erheblichem Maße die Qualität von Bildung, Ausbildung und sozialer Interaktion in Schule, Familie und Gesellschaft. Bedrückend ist die hohe Zahl schwerster frühkindlicher

---

[37] Prasad, M. R., Kramer, L. A., Ewing-Cobb, L.: Arch.Dis.Child 2005 (1): 82 – 85 Cognitive and neuroimaging findings in physically abused preschoolers.

[38] Cicchetti, D., Toth, S.: 1995: Developmental psychopathology and disorders of affect. In: Developmental Psychopathology Vol 2: Risk disorder and adaptation (pp 369 – 420. NY-Wiley.

[39] Finkelhor, D., Ormrod, R. K., & Turner, H. A. (2007): Poly-victimization and trauma in a developmental context. Development and Psychopathology, 19 (1).

[40] Kim, J., Cicchetti, D.: A longitudinal study of child maltreatment, mother-child relationship quality and maladjustment: the role of self-esteem and social competence. Journal of Abnormal Child Psychology. 2004, 32: 341 – 354.

[41] Paivio, S. C., Laurent, C. J.: Clin. Psychol. 2001 Feb, 57 (2): 213 – 226. Empathy and emotion regulation: reprocessing memories of childhood abuse.

42 Dodge, K. A., Bates, J. E., & Pettit, G. S. (1990): Mechanisms in the cycle of violence. *Science, 250,* 1678 – 1683.

[43] Louise Arseneault, Mary Cannon et al.: American Journal of Psychiatry. 2011 January, 168 (1): 65 – 72. Childhood Trauma and Children's Emerging Psychotic Symptoms: A Genetically Sensitive Longitudinal Cohort Study

Traumatisierungen: 17.5 % der Mädchen und 3,4 % der Jungen erfahren bis zum 16. Lebensjahr sexuellen Missbrauch,[44,45] in dessen Folge Depressionen, Alkoholabusus, Angsterkrankungen, Verhaltensstörungen und Suizidversuche gehäuft auftreten.[46,47]

B) Morphologisch-strukturelle Traumatisierungseffekte im Gehirn

Missbrauch, Misshandlung, Vernachlässigung im Kindesalter führen zu Veränderungen der Hirnstruktur, die Dicke der Großhirnrinde nimmt ab. Folge sind Störungen im somato-sensorischen Kortexbereich. Die Ergebnisse zeigen eine spezifische Korrelation zwischen verschiedenen Formen der Misshandlung und Veränderungen in genau denjenigen Regionen des Kortex, die in die Wahrnehmung und Verarbeitung der speziellen Misshandlungsform involviert sind. Die Daten weisen auf einen konkreten Zusammenhang zwischen erfahrungsabhängiger neuraler Plastizität und medizinisch-gesundheitlichen Problemen hin.[48,49,50,51] Die graue Substanz im

---

[44] Fergusson, D. M., Lynskey, M. T., & Horwood, L. J. (1996). Childhood sexual abuse and psychiatric disorder in young adulthood: I. Prevalence of sexual abuse and factors associated with sexual abuse. Journal of the American Academy of Child & Adolescent Psychiatry, 35 (10), 1355 – 1364.

[45] Fergusson, D. M., Boden, J. M., Horwood, L. J.: Exposure to childhood sexual and physical abuse and adjustment in early adulthood. Child Abuse & Neglect. 2008, 32: 607 – 619.

[46] Lopez-Castroman, J., Melhem, N., Birmaher, B., et al.: World Psychiatry. 2013 Jun, 12 (2): 149 – 154 Early childhood sexual abuse increases suicidal intent.

[47] Roy, A., Gorodetsky, E., Yuan, Q., Goldman, D. & Enoch, M. A:. Interaction of FKBP5, a stress-related gene, with childhood trauma increases the risk for attempting suicide. Neuropsychopharmacology 35, 1674 – 1683 (2010).

[48] Christine M. Heim, Helen S. Mayberg, Tanja Mletzko, Charles B. Nemeroff, Jens C. Pruessner: Decreased Cortical Representation of Genital Somatosensory Field After Childhood Sexual Abuse. American Journal of Psychiatry. 2013 Jun, 170 (6): 616 – 623.

[49] Maria A. Oquendo et al.: American Journal of Psychiatry. 2013 Jun 1; 170 (6): 574 – 577. Neuroanatomical Correlates of Childhood Sexual Abuse: Identifying Biological Substrates for Environmental Effects on Clinical Phenotypes

Kortex ist reduziert,[52,53,54] Struktur und funktionelle Konnektivität[55] sowie affektive und kognitive Funktionen sind gestört.[56] Strukturelle Defizite sind auch morphometrisch nachweisbar.[57] Eine Volumenreduktion von Gehirn[28,58,59,60] und Hippocampus ist zu beobachten sowie dazu eine Vergrößerung der Amygdala.[61,62,63,64]

---

[50] Gold, A. L., Sheridan, M. A. et al.: J Child Psychol Psychiatry. 2016 Oct, 57 (10): 1154 – 1164 Childhood abuse and reduced cortical thickness in brain regions involved in emotional processing.

[51] McCrory, De Brito, S. A., Viding, E.: J. Child Psychiatry- 2010 Oct, 51 (10): 1079 – 1095.: Research review: the neurolology and genetics of maltreatment and adversity.

[52] Rogers, J. C., De Brito, S.A.: JAMA Psychiatry 73 (1): 64 – 72. Cortical and Subcortical Gray Matter Volume in Youths With Conduct Problems: A Meta-analysis.

[53] Buss, C., Davis, E. P., Muftuler, L. T., Head, K., Sandman, C. A.: Psychoneuroendocrinology. 2010, 35 (1): 141 – 153 High pregnancy anxiety during mid-gestation is associated with decreased gray matter density in 6 – 9-year-old children.

[54] Li, L., Wu, M., Liao, Y. et al.: Neurosci Biobehav Rev. 2014 Jun, 43: 163 – 172. doi: 10.1016/j.neubiorev.2014.04.003. Epub 2014 Apr 21.Grey matter reduction associated with posttraumatic stress disorder and traumatic stress.

[55] Teicher, M. H., Samson, J. A, et al.: Nature Neuroscience 17 ,652 – 666, 2016: The effects of childhood maltreatment on brain structure, function and connectivity.

[56] Lena Lim et al.: American Journal of Psychiatry, 2014: Gray matter abnormalities in childhood maltreatment: a voxel-wise meta-analysis.

[57] Meng, Y., Qiu, C., et al.: Behav Brain Res. 2014 Aug 15, 270: 307 – 315. doi: 10.1016/j.bbr.2014.05.021. Epub 2014 May 23.: Anatomical deficits in adult posttraumatic stress disorder: a meta-analysis of voxel-based morphometry studies.

[58] Lyden, H., Gimbel, S. et al.: Front Neurosci. 2016 Sep 5, 10: 398. Associations between Family Adversity and Brain Volume in Adolescence: Manual vs. Automated Brain Segmentation Yields Different Results.

[59] De Bellis, M. D., Baum, A. S., Birmaher, B., Keshavan, M. S., Eccard, C. H., Boring, A. M., Jenkins, F. J.: Biol Psychiatry. 1999, 45(10):1259 – 1270 Devel opmental traumatology part I: Biological stress systems.

[60] De Bellis, M. D., Keshavan, M. S. et al., Biol Psychiatry. 2002 Dec 1;52(11):1066 – 1078. Brain structures in pediatric maltreatment-related posttraumatic stress disorder: a sociodemographically matched study.

[61] Stein, M. B., Koverola, C., et al.: Psychol Med. 1997 Jul;27(4):951 – 959. Hippocampal volume in women victimized by childhood sexual abuse.

[62] Woon, F. L., Hedges, D. W.: Hippocampus. 2008, 18 (8): 729 – 736: Hippocampal and amygdala volumes in children and adults with childhood maltreatment-related posttraumatic stress disorder: a meta-analysis.

[63] Bremner, J. D., Vythilingam, M., Vermetten, E., Southwick, S. M., McGlashan, T., Na-

In einem kritischen Review fassten *Hart &Rubia 2012* die gewonnenen Ergebnisse noch einmal zusammen: *Traumatisierung führt zu Veränderungen von Struktur und Funktion des Gehirns. Es kommt zu neurophysiologischen Störungen, psychologische Behinderungen, zur Beeinträchtigung des IQ, des Erinnerungsvermögens, emotionaler und Arbeitsprozesse sowie zur Hemmung von Aufmerksamkeit und Reaktionsfähigkeit.*

C) Molekular-epigenomische Traumatisierungseffekte in Zellen

In zahlreichen epidemiologischen Studien konnte belegt werden, dass frühkindliche Traumatisierungen zeitlebens das Risiko für Stresskrankheiten aller Art erhöhen, wozu nahezu alle psychischen Störungen, aber auch das Risiko für die Entwicklung von Stoffwechselstörungen und sogar Krebs gehören. Zusätzlich beweisen neueste Untersuchungen, dass Traumatisierungen nicht nur zu morphologischen und strukturellen Veränderungen im Gehirn führen, sondern auch zu epigenomischen. Diese wirken sich dann im späteren Verlauf für die Entwicklung und das Verhalten des Kindes nachteilig aus und sind außerdem noch Risikofaktoren für weitere Erkrankungen.[65,66,67] Dafür verantwortlich sind epigenomischen Verände-

---

zeer, A., et al. (2003a): MRI and PET study of deficits in hippocampal structure and function in women with childhood sexual abuse and posttraumatic stress disorder. The American Journal of Psychiatry, 160 (5), 924 – 932

[64] Hart, H., Rubia, K.: Front Hum Neurosci. 2012; 6: 52. Published online 2012 Mar 19. doi: 10.3389/fnhum.2012.00052. PMCID: PMC3307045: Neuroimaging of child abuse: a critcal review.

[65] Curt A. Sandman, E. P. Davis, Buss, Cl., L. M. Glynn: International Journal of Peptides, 2011, Article ID 837596, 9 pages Review Article: Prenatal Programming of Human Neurological Function.

[66] Lotte C. Houtepen et al.: Genome-wide DNA methylation levels and altered cortisol stress reactivity following childhood trauma in humans. Nature Communications, 21.03.2016, 7: 10967.

[67] Robert Kumsta et al.: Severe psychological deprivation in early childhood is associated

rungen in Zellen, die im Gehirn an entscheidender Stelle an der Stressregulation beteiligt sind.

Erste Hinweise für diese Zusammenhänge wurden im Tierversuch an Ratten gewonnen. Diese von Weaver, Meaney & Szyf 2004 publizierte Arbeit war bahnbrechend, denn sie bewies, dass Stress bei den Müttern zu einer verminderten Fürsorge und Vernachlässigung der Nachkommen führte, in dessen Folge bei diesen epigenomische Veränderungen im Hippocampus nachweisbar waren.[68] Der Effekt dieser Veränderung offenbarte sich in großer Ängstlichkeit und Störungen des Verhaltens.

Zahlreiche wissenschaftliche Untersuchungen belegen nun auch für den Menschen, dass pränataler Stress sowie Vernachlässigung, Traumatisierung, Misshandlung und Missbrauch während der Entwicklung vom Kleinkind bis zum Jugendlichen epigenetische Veränderungen in Zellen des Gehirns und des Immunsystems hervorrufen, die im weiteren Verlauf des Lebens für die Betroffenen und darüber hinaus auch für die Gesellschaft im Rahmen der Sozialisation junger Menschen weitreichende Konsequenzen hat.

Unter den zu erwartenden Folgen befindet sich das ganze Spektrum psychischer Störungen wie Stressintoleranz, Verhaltensstörungen, Störung der Regulation emotionaler Prozesse, Persönlichkeitsveränderungen, situationsunangemessene Handlungen, Delinquenz, Suizide.

Es ist nun eindeutig belegt, dass traumabedingte epigenetische Veränderungen zu seelischen, geistigen und körperlichen Entwicklungsstörungen bei Kindern führen. In der gesamten Embryonal- und Fetalzeit bis zur Geburt werden epigenetische Muster neu implantiert und moduliert. Auf diese Weise werden Stoffwechsel und Gehirn des Kindes auf das zu erwartende

---

with increased DNA methylation across a region spanning the transcription start site of CYP2E1. Translational Psychiatry 6, 07.06.2016, e830.

[68] Weaver, C. G., Meaney, M. J., Szyf, M.: PNAS Vol 103 (9), 3480–3485: Maternal care effects on the hippocampal transcriptome and anxiety-mediated behaviours in the offspring that are reversible in adulthood.

Ambiente post partum vorbereitet.

Dieser Vorgang ist sehr störanfällig und komplex, doch die Wissenschaft ist zunehmend in der Lage, Klarheit in den Vorgang zu bringen und darzulegen, wo und wie die Traumatisierungsstörungen sich etablieren.

In der gesamten Embryonal- und Fetalzeit bis zur Geburt werden epigenetische Muster neu implantiert und moduliert. Damit werden Stoffwechsel und Gehirn des Kindes auf das zu erwartende Ambiente post partum vorbereitet.

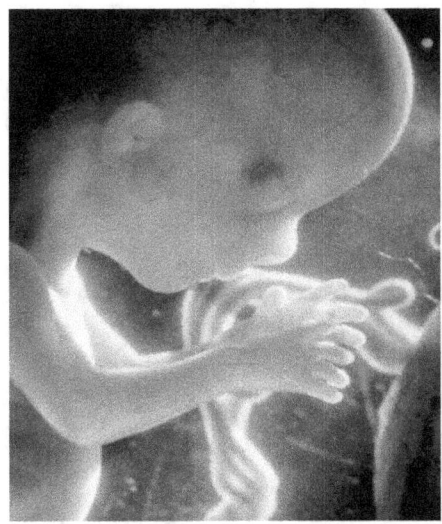
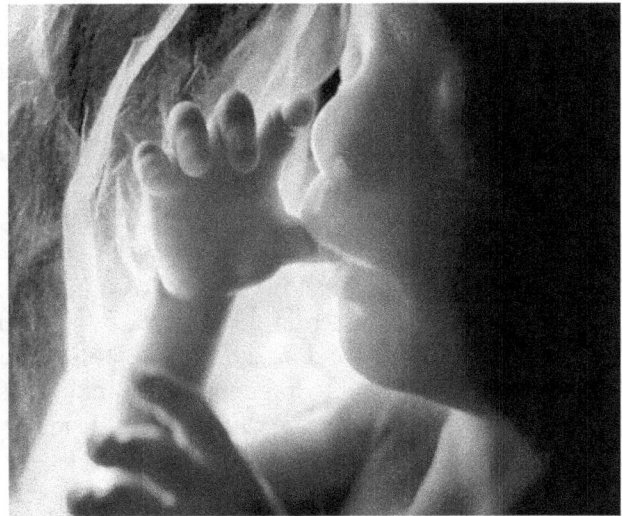

Aus der Fülle der neuesten Publikationen sollen zum besseren Verständnis einige der wichtigsten Arbeiten zitiert werden:

Pränatal:

Stress und emotionaler Zustand der werdenden Mutter (Ängste, Depressionen, IPV etc.) bewirken bereits pränatal erhöhte Kortisolwerte und eine Methylierung des Glukokortikoid-Rezeptors beim Kind. Das kann beim Neugeborenen unmittelbar an Monozyten im Nabelschnurblut gemessen werden[69,70,71,72,73,74,75] und auch noch Jahre nach der Geburt bei Jugendlichen.[76,77] Pränataler Stress hebt beim Ungeborenen den Stresshormonspiegel im Gehirn dauerhaft an und beeinträchtigt die physiologische Hirnreifung. Stress mit erhöhten Cortisolpegeln während der Schwangerschaft ist deshalb ein wesentlicher Risikofaktor für spätere Depressionen und andere Krankheiten.

Kleinkinder:

---

[69] Hompes, T., et al.: J Psychiatr Res. 2013 Jul;47(7):880 – 891. Investigating the influence of maternal cortisol and emotional state during pregnancy on the DNA methylation status of the glucocorticoid receptor gene (NR3C1) promoter region in cord blood.

[70] Mansell, I., Novakovic, B. et al.: Translational Psychiatry (2016) 6, e765; doi:10.1038/tp.2016.32 The effects of maternal anxiety during pregnancy on IGF2/H19 methylation in cord blood.

[71] Oberlander, T- F. et al.: Epigenetics Volume 3, Issue 2, March 2008, Pages 97 – 106. Prenatal exposure to maternal depression, neonatal methylation of human glucocorticoid receptor gene (NR3C1) and infant cortisol stress responses

[72] Connie Mulligan et al.: Epigenetics. Volume 7, Issue 8, 2012: Methylation changes at *NR3C1* in newborns associate with maternal prenatal stress exposure and newborn birth weight.

[73] Hompes, T., Benedetta, I. et al.: J. Psychiatr. Res. 2013, 47 (7) 880 – 891:Investigating the influence of maternal cortisol and emotional state during pregnancy on the DNA methylation status of the glucocorticoid receptor gene (NR3C1) promoter region in cord blood.

[74] Catherine Jensen Pena et al.: PLOSONE 2012, 6: Epigenetic Effects of Prenatal Stress on 11β-Hydroxysteroid Dehydrogenase-2 in the Placenta and Fetal Brain.

[75] O Donnell, K. J., Bugge-Jensen, A. et al.: Psychoneuroendocrinology 2012, Volume 37, Issue 6, Pages 818 – 826, 2012. Maternal prenatal anxiety and downregulation of placental 11β-HSD2.

[76] Radtke, K. M. et al.: Translational Psychiatry, 2011, 1. e21: transgenerational impact of partner violence on metrhylation in the promoter of the glucocorticoid receptor.

[77] Provencal, N., Binder, E.: Exp Neurol. 2014 Sep 9. pii: S. 0014 – 4886. The effects of early life stress on the epigenome: From the womb to adulthood and even before.

Die Vernachlässigung kleiner Kinder hinterlässt bleibende Spuren bis ins Erwachsenenalter. Es kommt zu einer starken Methylierung des Rezeptors für das Stresshormon *Cortisol 7* sowie zu genomweiten Methylierungsveränderungen.[78] Diese Veränderung machen Forscher für eine zeitlebens anhaltende erhöhte Stressverwundbarkeit verantwortlich.[79,80,81]

Kinder, die zwischen dem dritten und fünften Lebensjahr misshandelt wurden, wiesen eine verstärkte Methylierung des FKBP5 Gens auf, was die Expression des Glukokortikoid-Rezeptors regelt.[82] Wird dieser nicht mehr exprimiert, kann bei erhöhten stressbedingten Kortisolspiegeln keine angemessene Stress-Abbau-Modulation erfolgen.

Bei 15-jährigen Heranwachsenden, die von ihren Eltern in früher Kindheit stark vernachlässigt wurden, fand man ebenfalls veränderte DNA-Methylierungsmuster, wobei diese bei mütterlichem Stress wesentlich stärker waren als bei väterlichem Stress. Das betont die Wichtigkeit der Mutter als primäre Beziehungsperson.[83,47,57] (63 Provencal 2014)

Auch weitere wichtige regulative Gene im Gehirn wie COMT, MAO und

---

[78] Mehta, D., Klengel, T., Conneely, K. N., Smith, A. K., Altmann, A., Pace, T. W., et al. (2013). Childhood maltreatment is associated with distinct genomic and epigenetic profiles in posttraumatic stress disorder. Proceedings of the National Academy of Sciences USA, 110 (20).

[79] Audrey R. Tyrka et al.: PlOS ONE 7,01/ 2012, e 30148. Childhood adversity and epigenetic modulation of the leukocyte glucocorticoid receptor: preliminary findings in healthy adults.

[80] Bruce S. McEwen: Proceedings of the national academy of science USA 2013 14, 110 (20): 8302 – 8307.Childhood maltreatment is associated with distinct genomic and epigenetic profiles in posttraumatic stress disorder.

[81] Szyf, M.: J Genet Genomics. 2013 Jul 20, 40 (7): 331 – 338. Doi: 10.1016/j.jgg.2013.06.004. Epub 2013 Jun 25.: DNA methylation, behavior and early life adversity.

[82] Tyrka, A. R., Ridout, K. K., Parade, S. H. et al.: Dev Psychopathol. 2015 Nov, 27 (4 Pt 2): 1637 – 1645. doi: 10.1017/S0954579415000991. Childhood maltreatment and methylation of FK506 binding protein 5 gene (FKBP5).

[83] Marilyn J. Essex et al.: Child Development. 2011. Epigenetic Vestiges of Early Developmental Adversity: Childhood Stress Exposure and DNA Methylation in Adolescence.

Serotonin-Transponder werden durch Stress-Traumata methyliert[84,85] und in ihrer Funktion gestört.[86,87,88,89]

Die Folgen sind: Beeinträchtigung der Gedächtnisleistung, situationsunangemessene Handlungssteuerung, Störung der Regulation emotionaler Prozesse, Persönlichkeitsstörungen, Aggressivität, Depressionen, antisoziales Handeln.

Nicht nur epigenetische Profilveränderungen sind von traumatischen Einwirkungen betroffen, sondern auch das Immunsystem.[90]

D) Strukturelle Traumatisierungseffekte an Telomeren.

Die Telomerenverkürzung ist wie eine zelluläre Uhr. Sie spiegelt das Lebensalter wieder und erscheint im Zusammenhang mit bestimmten Erkrankungen und als Antwort auf Stresseinwirkungen. So ist sie nachzuweisen

---

[84] Gianluca Ursini et al.: The J. of Neuroscience,2011,31(18):6692 – 6698: Stress-Related methylation of Catechol-O-Methyltransferase Val 158 Allele predicts human prefrontal cognition and activity.

[85] Klengel, T., Mehta, D. et al.: Nat. Neurosci. 2013 Jan, 16 (1): 33 – 41.Allele specific FKBP5 DNA demethylation mediates gene-childhood trauma interactions.

[86] David M. Fergusson, Joseph M. Boden, et al.: Br J Psychiatry 2011 Jun, 198 (6): 457 – 463. MAOA, abuse exposure and antisocial behaviour: 30-year longitudinal study.

[87] M.-A. Enoch1, C. D. Steer et al.: Genes, Brain and Behavior 2010, Volume 9, Issue 1, pages 65: Early life stress, MAOA, and gene-environment interactions predict behavioral disinhibition in children.

[88] Dante Cicchetti, Rogosch FA, Thibodeau E.:Devel. Psychpath. 2012, 24 (3), 907 – 928. The effects of child maltreatment on early signs of antisocial behavior: Genetic moderation by Tryptophan Hydroxylase, Serotonin Transporter, and Monoamine Oxidase-A-Genes.

[89] Fisher, H. L., Cohen-Woods, S., et al.: J Affect Disord. 2013 Feb 15, 145 (1): 136 – 141. Interaction between specific forms of childhood maltreatment and the serotonin transporter gene (5-HTT) in recurrent depressive disorder.

[90] Uddin M., Aiello Ae et al.: roc Natl Acad Sci U S A. 2010 May 18, 107 (20): 9470 – 9475. doi: 10.1073/pnas.0910794107. Epub 2010 May 3. Epigenetic and immune function profiles associated with posttraumatic stress disorder.

bei psychosozialem Stress und in Verbindung mit psychiatrischen Erkrankungen.[91]

Traumata und Stress führen zu erhöhten Kortisolspiegeln, das beeinflusst die Länge der Telomeren.[92] Die Telomere sind die Schutzkappen auf den Chromosomenenden. Hohe Kortisolspiegel verkürzen die Länge der Telomere. Bei jeder Zellteilung verkürzt sich ihre Länge, ein Prozess, der generell mit Altern und Stress assoziiert ist.[93] Verkürzte Telomere führen zu einer gestörten Zellfunktion, was auch Inflammation und Krebsentwicklung triggert. Bereits intrauteriner Stress bewirkt verkürzte Telomere, nachweisbar bei Kindern in früher Jugendzeit.[94]

Kinder, die Vernachlässigung erfahren mussten, haben verkürzte Telomere. Diesen Effekt fand man bei Heimkindern[95] und Ähnliches war auch bei Kindern zu beobachten, die in einer Umgebung aufwuchsen, die mit hohem Stress verbunden war. Dieser Effekt konnte durch intensive mütterliche Fürsorge begrenzt werden.[96]

Die Botschaft dieser neuen Erkenntnisse heißt: Traumatisierungen sind in der Lage, einen chromosomalen Defekt in der Schaltzentrale des Lebens hervorzurufen, was wiederum Einfluss auf die Entstehung von Krankheiten

---

[91] Ridout, S., Ridout, K. et al.: Adv Psychosom Med. 2015; 34: 92 – 108. Telomeres, Early-Life Stress and Mental Illness.
[92] Zhang, L., Hu, X. Z., Benedek, D. M., Fullerton, C. S., Forsten, R. D., Naifeh, J. A., et al. (2014): The interaction between stressful life events and leukocyte telomere length is associated with PTSD. Molecular Psychiatry, 19 (8), 856 – 857.
[93] Elissa S. Epel, Blackburn, E. H. et al.: PNAS Current Issue Vol. 101 no. 49 17312 – 17315, doi: 10.1073/pnas.0407162101: Accelerated telomere shortening in response to life stress
[94] Entringer, Sonja et al. 108, 2011. E513 – E518: Stress exposure intrauterine life is associated with shorter telomere length in young adulthood.
[95] Drury, S. S., Theall, K., Gleason, M. M., Smyke, A. T., De Vivo, I., Wong, J. Y. Y., Fox, N. A., Zeanah, C, H., Nelson, C. A.: Telomere length and early severe social deprivation: Linking early adversity and cellular aging. Molecular Psychiatry. 2011, 17: 719 – 727.
[96] Asok, A., Bernard, K., Roth, T. L., Rosen, J. B-, Dozier, M.: Parental responsiveness moderates the association between early-life stress and reduced telomere length. Development and Psychopathology. 2013, 25 (3): 577 – 585.

hat (Entzündungen, Krebs) und den Alterungsprozess beschleunigt.

Auf den makroskopischen Bereich übertragen, würde der Verlust eines chromosomalen Teilstückes dem Verlust eines Armes oder Beines entsprechen. Man könnte zwar noch leben, aber deutlich schlechter. Sicher würde die Ursache des Armverlustes hinterfragt und möglicherweise auch juristisch bewertet.

Betreuungsqualität der Kleinkinder

A) Außerfamiliäre Betreuung, Kindertagesstätten

Die neu gewonnen Erkenntnisse belegen zweifelsfrei, dass Traumatisierungen, die in den kritischen, störungsempfindlichen Phasen der kindlichen Gehirnentwicklung stattfinden, zu morphologisch-strukturellen und molekular-epigenomischen Veränderungen in Zellen des Gehirns führen. Aufgrund dieser Veränderungen kommt es im späteren Leben zu dem gesamten Spektrum psychologischer Auffälligkeiten und Verhaltensstörungen wie oben beschrieben.

In diesem Zusammenhang sind Untersuchungsergebnisse von Bedeutung, die zeigen, dass die frühzeitige Trennung von der vertrauten Bezugsperson (meist Mutter) zu erhöhtem Stress führt. Dieser Stress kann die Qualität einer Traumatisierung annehmen und über erhöhte Kortisolwerte zu den beschriebenen Störungen führen. Daher muss hinterfragt werden, ob die massenhafte, politisch gewollte Fremdbetreuung von Kleinkindern zwischen dem ersten und dritten Lebensjahr die Qualität vorhalten kann, die für die wichtigste und empfindlichste Phase der menschlichen Gehirnentwicklung mit ihren physischen, geistigen und emotionalen Bedürfnissen notwendig ist. Die Entwicklung des komplexen Gehirns ist ja der eigentliche Akt der Menschwerdung.

Hier handelt es sich um ein wichtiges, gesellschaftlich relevantes Thema, das kontrovers diskutiert wird und in seiner Bedeutung für die Zukunft offensichtlich noch nicht richtig eingeschätzt wird.

Im Zentrum jeglicher Diskussion müssten dabei zunächst einmal die Interessen der betroffenen Kinder oberste Priorität haben, und nicht die von Ökonomie und Politik. Dabei ist es hilfreich, sich die Ergebnisse zahlreicher Studien zu diesem Thema vor Augen zu führen, um zu begreifen, welche katastrophalen Folgen eine suboptimale Fremdbetreuung anzurichten im Stande ist:

NUBBEK-Studie – 2012[97]

Das Kinderförderungsgesetz (KiföG) 2008 sah für das Jahr 2013 einen Rechtsanspruch auf einen Platz in einer Einrichtung oder in einer Kindertagespflegestelle auch für Kinder im Alter von ein bis unter drei Jahren vor. 2013 fehlten bereits 400 000 Plätze in KITAs. Die Migrationswelle im Jahr 2015, in deren Zusammenhang auch mehrere 100.000 traumatisierte Kinder nach Deutschland kamen, hat den Bedarf extrem erhöht.

Not herrscht an allem: Raumnot, Zeitnot, Personalnot, Geldnot. Es entstehen Mega-Anstalten für Hunderte von Kripplingen. Um den übergroßen Bedarf zu decken, will man sogar Bauvorschriften aussetzen (mit niedrigeren Räumen ist es billiger, nach Aussage der Familienministerin) oder *vorübergehend* sogar auf Betreuungs- und Ausstattungsqualität verzichten.

Dazu gilt es anzumerken, dass jetzt schon die Hälfte aller Kinder in Krippen, Kindergärten oder bei Tagesmüttern nur mittelmäßig bis schlecht betreut werden, wie aus der vom Bundesfamilienministerium 2012 geförderten Untersuchung, der NUBBEK-Studie hervorgeht. Betreuungsschlüssel 1: 6 – 9. Nur wenige Einrichtungen bieten danach den empfohlenen Schlüssel von drei, maximal fünf Kleinkindern pro Erzieherin.

Von der seit Jahren geforderten qualifizierten (Hochschul-)Ausbildung für Erzieher wagt angesichts des Mangels ohnehin kaum noch jemand zu sprechen. Demnach dürften die vielerorts niedrigen Standards weiter sinken.

---

[97] Tietze, W., Becker-Stoll, F., Bensel, J., Eckhardt, A. G., Haug-Schnabel, G., Kalicki, B., Keller, H., Leyendecker, B. (Hrsg.). NUBBEK – Nationale Untersuchung zur Bildung, Betreuung und Erziehung in der frühen Kindheit. Forschungsbericht. Weimar/Berlin: verlag das netz.

NICHD-Studie – 2007[98]
(Early Child Care and Youth Development der amerikanischen Regierungsbehörde **N**ational **I**nstitute of **C**hild **H**ealth and Human **D**evelopment)

Wissenschaftler haben dafür 1364 Kinder über 15 Jahre lang begleitet. Ein Indiz für ihre Hypothese vom *Dauerstress* fanden die Forscher bei der Messung des Stresshormons *Cortisol* bei 900 Probanden. Das Tagesprofil von Cortisol flachte bei diesen Kindern bis zum Abend nicht ab.

Fazit der NICHD-Studie: *Es ist nicht länger haltbar, dass Entwicklungswissenschaftler und Krippenverfechter leugnen, dass frühe und extensive Krippenbetreuung, wie sie in vielen Gemeinden verfügbar ist, ein Risiko für kleine Kinder und vielleicht für die ganze Gesellschaft darstellt ...* (Belsky 2007)

Dieselben Ergebnisse fanden sich bei der Wiener-Studie[99] (Prof. Dattler/Wien 2007 – 2012) und der Berliner Studie

Der Cortisolpegel bleibt erhöht, kein physiologischer Cortisolabfall bei Kitakindern.

---

[98] Jay Belsky et al. Child Development Volume 78, Issue 2, 2007: Pages 681 – 701. Are There Long-Term Effects of Early Child Care?
[99] Datler, W., Funder, A. et al. 2012: Eingewöhnung von Krippenkindern: Forschungsmethoden zu Verhalten, Interaktion und Beziehung in der Kinderkrippenstudie. In: Viernickel, S. et al. (Hrsg.): Krippenforschung: Methoden, Konzepte, Beispiele. Reinhardt: München u.a. 2012, 59 – 73

Schweizer-Studie (Averdiyk et al. 2011)[100]

- 1200 Schüler mit 7 Jahren als Erstklässler durch Lehrer und Eltern beurteilt, Bildertest für Kinder.
- Mehr gruppenbezogene externe Kindertagesstätten-Betreuung (Krippen u. a.) führte zu Zunahme von Problemen in folgenden Bereichen: Aggression, ADHD, nicht aggressive externalisierte Verhaltensstörungen, Ängstlichkeit und Depression mit 7. Lebensjahr.

Untersuchungen über den Cortisolspiegel von Kindern in der KITA – vormittags und nachmittags zu Hause (Vermeer / van Ijzendoorn 2006)[101]

Die Cortisolbestimmung erfolgte aus Speichel. Die Ergebnisse von 9 Studien wurden zusammengefasst. Ergebnis: 70 – 90 % der ganztägig betreuten Kinder zeigten Cortisolanstieg. Der auf das Kindesalter bezogene Anstieg war kurvenlinear. Höchster Anstieg bei Kinder unter drei Jahren, bei 5 – 6 Jahren kaum noch relevant.

---

[100] Averdiyk, M. et al.: European Journal of Developmental Psychology Volume 8, 2011 – Issue 6: The relationship between quantity, type, and timing of external childcare and child problem behaviour in Switzerland: Early Childhood Research Quarterly 21 (3): 390 – 401.

[101] Vermeer, H. J., Ijzendoorn, M. H.: July 2006: Children's elevated cortisol levels at daycare: A review and meta-analysis.

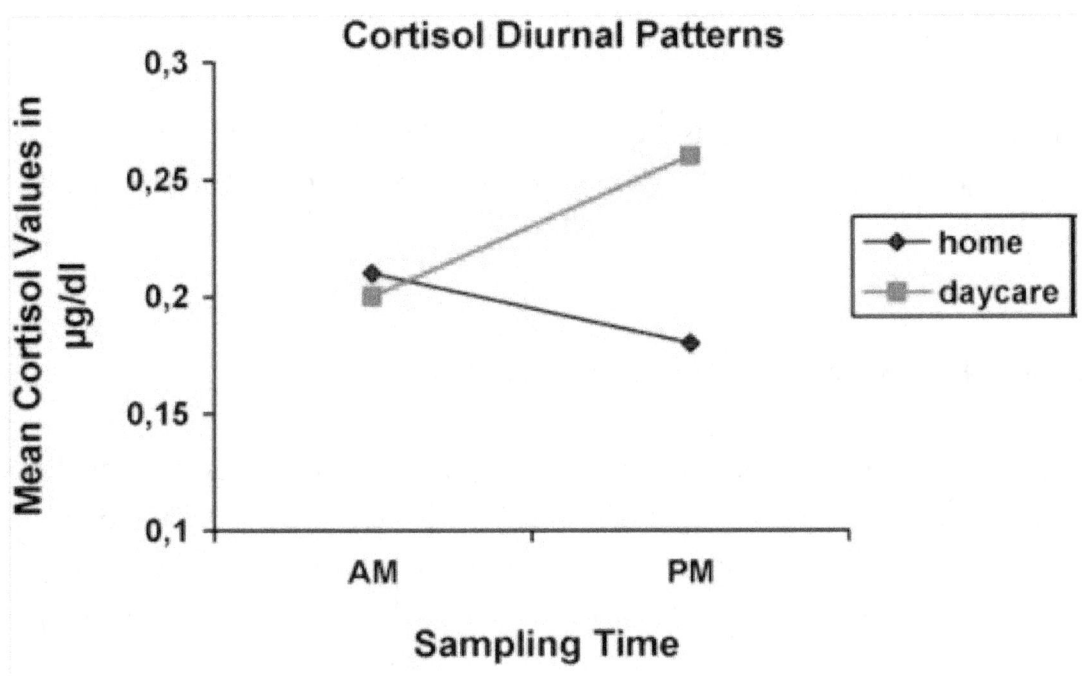

Untersuchungen über die Eingewöhnungs- und Trennungsphase (Ahnert 2004)[102]

Bei 70 Kindern von 15 Monaten bei ganztägigem Krippeneintritt wurde Cortisol am Vormittag entnommen. In der Trennungsphase lag der Anstieg 70 – 100 % höher gegenüber den häuslichen Werten. Kinder von Müttern mit langen oder unregelmäßigen Arbeitszeiten blieben nur unsicher gebunden.

---

[102] Ahnert, L., Gunnar, M. R., Lamb, M. E. et al.: Child Development, 2004, Volume 75 (3), 639 – 650: Transition to Child Care: Associations With Infant-Mother Attachment, Infant Negative Emotion, and Cortisol Elevations.

Untersuchung von Watamura et al. 2003[103]

Hier zeigten sich fast identische Ergebnisse: Bei 71 % der Kleinkinder kam es bis nachmittags zu einem erhöhten Cortisolspiegel ohne entsprechendem Abfall.

Hippocampus-Zelldichte (Quirin et al.2010)[104]

Die Autoren untersuchen Zusammenhänge von zwei Formen der Bindungsunsicherheit in der Kindheit, der ängstlichen und der vermeidenden, mit der grauen Zelldichte des Hippocampus durch Tests und Befragungen von 22 jungen Männer und Frauen sowie mit Bildaufnahmen vom Hippocampus.
Bei Bindungsängsten zeigte der Hippocampus der linken Hirnhälfte eine geringere Zelldichte. Bei Bindungsvermeidung war in beiden Hirnhälften die Zelldichte des Hippocampus vermindert.

Größerer Hippocampus bei früher mütterlicher Unterstützung (Luby et al. 2012)[105]

Longitudinalstudie mit 92 Kindern. Im vorschulischen Alter erfolgte eine Evaluierung der mütterlichen Zuwendung. Zwischen 7 und 13 Jahren er-

---

[103] Sarah E. Watamura, Bonny Donzella, Jan Alwin and Megan R. Gunnar: Child Development Vol. 74, No. 4, 2003), pp. 1006 – 1020, Morning-to-Afternoon Increases in Cortisol Concentrations for Infants and Toddlers at Child Care: Age Differences and Behavioral Correlates.
[104] Quirin, M., Omri, G., Jens, C. et al.: Soc Cogn Affect Neurosci. 2010 Mar; 5 (1): 39 – 47. Adult attachment insecurity and hippocampal cell density.
[105] Luby, J. L., Barcha, D. M., Beldena, A. et al.: PNAS, Vol 109 (8) 2854 – 2859, Maternal support in early childhood predicts larger hippocampal volumes at school age.

folgten Volumenmessungen ihres Hippocampus mit bildgebenden Verfahren.

Die Verbindung zwischen früher mütterlicher Unterstützung und einem größeren Volumen des Hippocampus war hoch signifikant.

Kanada, Quebecer Projekt *5 Dollar pro Tag für Kindesbetreuung* (Baker/ Milligan 2005)

Von 1997 – 2000 erfolgte eine stufenweise staatliche Subventionierung von Krippenerziehung und Pflegefamilien für alle Kinder bis vier Jahre.

Eltern berichteten danach über vermehrte Hyperaktivität, Angst, Aggressivität sowie soziale Mängel und Infektionen bei den Kindern. Die Höhe der Zunahme war erheblich.

Die elterliche Erziehung litt zunehmend durch stärkere Feindseligkeit, schlechtere Interaktionen mit den Kindern. Die Eltern zeigten nun selbst Stresserscheinungen und Gesundheitsprobleme. Auch verschlechterte sich ihre Ehe- bzw. Partnerbeziehung.

FCC-Studie (Family-Child-Care-Studie, Erigyt et al. 2013)[106]

Es wurden 1200 Kinder vor dem zweiten Lebensjahr untersucht, zwischen dem 30. und 51. Monat: *Findings suggest that early exposure to center-based care before 2 years old is a **risk factor for subsequent behavior problems** especially when children have a longer period of exposure.*

---

[106] Erygit, S. M., Barnes, J.: Child & Youth Care Forum April 2013, Volume 42, Issue 2, pp 101 – 117. Is Early Center-Based Child Care Associated with Tantrums and Unmanageable Behavior Over Time Up to School Entry?

FCC-Studie (Family-Child-Care-Studie: Stein et al. 2012)[107]

The influence of different forms of early childcare on children's emotional and behavioural development at school entry: *One finding that did emerge was that children who spent more time in group care, mainly nursery care, were more likely to have behavioural problems, particularly hyperactivity. These findings suggest that interventions to enhance children's emotional and behavioural development might best focus on supporting families and augmenting the quality of care in the home.*

B) Familiäre Kinderbetreuung

Daten zur Situation von Kindern und Jugendlichen

Kauai-Studie

Eine der ältesten Studien zu Traumatisierungseffekten im Kleinkindalter ist die Kauai-Langzeitstudie:

Kauai-Studie: Emmy E. Werner und Ruth Smith 1955 – 1995
Langzeitstudie über 40 Jahre an 698 Kinder
- Untersuchungen pränatal und dann in den Lebensjahren: 1, 2, 10, 18, 32 und 40.
- Persönlichkeitstests, Leistungstests, Interviews u. Verhaltensbeobachtungen.
- Kinder, die bis zum 2. Lebensjahr vier oder mehr psychosozialen Risikofaktoren ausgesetzt waren, waren Risikokinder.

---

[107] Child-Care-Health- Development. 2012, DOI:10.1111/j. 1365-2214.2012.01421 The influence of different forms of early childcare on children's emotional and behavioural development at school entry.

Als hauptsächliche negative Umweltfaktoren stellten sich heraus:
- Längere Trennung von erster Bezugsperson im 1. Lebensjahr.
- Chronisch familiäre Disharmonie.
- Abwesenheit des Vaters.
- Arbeitslosigkeit der Eltern.
- Scheidung/Trennung der Eltern.

Von diesen Kindern zeigten ca. 75 % im Alter von 10 Jahren schwerwiegende Lern- und Verhaltensstörungen oder sie wurden bis zum 18. Lebensjahr straffällig bzw. psychiatrisch auffällig.

Studie: Kinder bei nur einem Elternteil (Weitoft, Hjern, Haglund 2003)[108]

Wachsen Kinder nur bei einem Elternteil auf, so hat das nachteilige Folgen. Das konnten Weitoft et al. 2003 in einer großen Studie in Schweden mit über 65.085 Kindern bei Single-Eltern und einem Kontrollkollektiv von 921.257 Kindern nachweisen.

Ergebnis: Kinder bei einzelnen Eltern haben ein erhöhtes Risiko für psychiatrische Erkrankungen, Suizide, Suizidversuche, Verletzungen und Sucht.

Studie: Kinder bei geschiedenen Eltern (Hansagi et al. 2000)[109]

Kommt es bei Elternpaaren zur Scheidung, so hat das später bei Kindern (18. Lebensjahr) nachteilige Folgen. Das betrifft psychiatrische Erkrankungen, Alkoholismus und Mortalität (nationale Kohorte mit 47.033 Fällen).

---

[108] Gunilla Weitoft, Anders Hjern, Bengt Haglund., Mans Rosen: Lancet, (2003) 361: 289 – 295: Mortality, severe morbidity, and injury in children living with single parents in Sweden: a Population-based study.

[109] Helen Hansagi, Lena Brandt, Sven Andreasson: The European Journal of Public Health .(2000)10 (2): 86 – 92: Parental dovorce: psychosocial well-being, mental health and mortality during youth and young adulthood. A Longitudinal study of swedish conscripts.

UNICEF-Studie 2013

Für die Studie der UN-Hilfsorganisation *Unicef* wurden 176.000 Kinder aus 29 Nationen im Alter von 11, 13 und 15 Jahren befragt: Es war ein trauriges Ergebnis, denn jedes siebte Kind zwischen 11 und 15 Jahren ist in Deutschland laut dieser Studie unglücklich!

Studie des Leipziger Forschungszentrums für Zivilisationskrankheiten 2013

Diese ergab, dass 10 % der 8- bis 14-jährigen Jugendlichen eine Depression haben.

Statistik: Betreuung in KITAS

Im Jahr 2016 gab es bundesweit 54.871 Kindertageseinrichtungen. 38 % aller Kinder unter drei Jahren wurde in Kitas betreut. Insgesamt waren 694.500 Kinder in KITAs.
Betreuungsschlüssel: 6 – 8 Kinder je Betreuer. Gefordert (vom Verband deutscher Kinderärzte): 2 – 3 Kinder je Betreuer.
Es gab 2015 737.575 Neugeborene, 2014 waren es 714.927, 2013 nur 672.064 Neugeborene.
In den neuen Bundesländern waren 51,8 % aller Kinder unter drei Jahren in Kitas. In den alten Bundesländern waren es 28,1 %.

Statistik zu familiärer Gewalt
Gerichtsmedizinische Studie von Saskia Guddat und Michael Tsokos 2014: Deutschland misshandelt seine Kinder, Droemer Verlag: ISBN978-3-426-27616-7.

Die Autoren schildern aus ihrer rechtsmedizinischen Praxis die dramatischen Gewalterfahrungen von Kindern in ihren Familien.

Mehr als 200.000 Kinder werden jährlich Opfer von Gewalt durch Erwachsene. 320 Kinder werden pro Jahr getötet und mehr als 500 Kinder werden von Erwachsenen aus ihrem familiären Umfeld misshandelt. Somit wird fast jeden Tag ein Kind durch körperliche Gewalt getötet.

Erschreckend hoch ist die Zahl der Opfer, die später selbst zu Tätern werden: 95 % aller Täter die Gewalt ausüben, wurden früher selbst misshandelt!

Gewalt in Partnerschaften:
2015 kam es zu 125.457 Fällen von Gewalt in Ehe/Partnerschaften, in 82 % davon waren Frauen betroffen. Die Kriminalstatistik geht von einer noch höheren Dunkelziffer aus. 415-mal kam es zu Tötungsdelikten, wobei 331 Frauen betroffen waren.

Bayer-Health-Care-Studie 2013 zu Gewalt- und Missachtungserfahrungen von Kindern und Jugendlichen in Deutschland

Es erfolgte eine Befragung von 1100 Kindern ab 6 Jahren. Auf der Basis des Datenmaterials ist die Studie repräsentativ für Deutschland. 900 Interviews konnten ausgewertet werden.

Ergebnis: Fast ein Viertel der Kinder und Jugendlichen (22,3 %) wird von Erwachsenen oft oder mehrmals geschlagen. 28 % davon sind Kinder ab 6 Jahren, etwa 17 % Jugendliche. Insgesamt 32,5 % der sozial benachteiligten Kinder geben an, oft oder manchmal von Erwachsenen geschlagen worden zu sein. 17,1 % davon sogar so heftig, dass sie blaue Flecken hatten.

Missachtungserfahrungen: Ein Viertel aller Befragten (25,1 %) gaben an, von Erwachsenen als dumm oder faul beschimpft zu werden. Sozial benachteiligte Kinder sind davon häufiger betroffen.

Prof. Christian Pfeiffer 2013: Kriminologisches Forschungsinstitut: bundesweite repräsentative Befragung von 45.000 Neuntklässlern

Diese Studie zeigt den Zusammenhang von Gewalt und späterer Täterschaft. Jugendliche, die von ihren Eltern massiv geschlagen wurden, sind fünfmal häufiger zu Mehrfachtätern geworden als gewaltfrei erzogene junge Menschen.

Die Eltern traumatisierter Kinder sind zu 95 % selber traumatisierte Kinder gewesen (Alice Ebel 2004).

Daten zur sozialen Situation (Statistisches Bundesamt)

<u>Alleinerziehende Mütter und Väter in Deutschland</u>
Angaben in 1000
2007: Mütter 2.270; Väter 354
2013: Mütter:2.294; Väter 385
2014: Mütter 2.307; Väter 404

<u>Scheidungsrate</u>
2000: 51,9 %
2008: 50,9 %
2012: 46,3 %
2013: 45,5 %
2014: 43,1 %

<u>Jugendliche ohne Schulabschluss</u>
2012: bundesweit 5,5 %
Besorgniserregend z. B. Mecklenburg-Vorpommern mit 12,5 %, Märkischer Kreis mit fast 10 %.

Ohne Hauptschulabschluss
Im mecklenburgischen Wismar fast 25 %.
Leipzig: 16,4 %
Nürnberg: 13,8 %
Dresden: 11,6 %
Würzburg: 2,5 %

Studie: Europa 2020:
In Deutschland ist der Anteil der Schulabbrecher sogar von 11,1 Prozent (2009) auf 11,9 Prozent (2010) wieder leicht gestiegen.[110] Jeder fünfte Schüler hat Lese- und Schreibdefizite.[111]

Bayrisches Landesamt für Statistik 2012
Immer mehr Kinder in Behandlung. Psychische Erkrankungen und Verhaltensstörungen bei Kindern nahmen innerhalb von fünf Jahren um ein Drittel zu. Die Zahlen sprechen eine deutliche Sprache:
Waren 2005 noch rund 13.000 Kinder und Jugendliche zwischen 5 und 19 Jahren in stationärer Behandlung, lag die Zahl laut Bayerischem Landesamt 2012 bereits bei 17.000. Ein Anstieg um 30 Prozent!

---

[110] Die Schulabbrecherquoten der EU-27 Staaten in 2000, 2009 und 2010 siehe Tabelle in SEC (2011) 1607 final vom 20.12.2012. http://register.consilium.europa.eu/pdf/en/11/ st18/st18577-ad01.en11.pdf, S. 41
[111] Equity and Quality in Education. Supporting Disadvantaged Students and Schools. OECD-Bericht. 09.02.2012. www.oecd-ilibrary.org, Deutsche Zusammenfassung: www.oecd.org/dataoecd/48/41/49629163.pdf

Diskussion.

Die neuen Erkenntnisse zum Mechanismus der Epigenetik zeigen, dass die Entwicklung des Menschen in einer permanenten Abstimmung mit seiner Umwelt erfolgt. Die zelluläre epigenetische Steuerung, der Stoffwechsel und die daraus erfolgende phänotypische Erscheinungsform des Menschen können somit flexibel auf die Bedingungen der Umwelt abgestimmt werden.
Über die Keimbahnen der Großeltern und Eltern und über das intrauterine Ambiente sind wir im Idealfall auf das Leben bestmöglich vorbereitet, wenn wir die schützende Geborgenheit der Mutter verlassen. So spiegelt sich das uns umgebende Ambiente als molekulares Engramm in jeder Zelle wieder.

Diese gewonnenen Erkenntnisse versetzen uns zu Recht in Staunen und Bewunderung. Doch im Kontext der Zustandsbeschreibung von Umwelt und Gesellschaft lehrt uns die Epigenetik, dass derjenige, der die umgebenden Bedingungen gestaltet, auch für die epigenomischen Engramme in uns Verantwortung trägt.
Insofern relativiert sich die Begeisterung, denn die Erkenntnisse über die Effekte kindlicher Traumatisierungen und die Einflüsse der vielen Umweltgifte sind äußerst bedrückend und wenig ermutigend für die Zukunft.
Noch vor wenigen Jahren konnte man sich nicht vorstellen, dass körperliche und seelische Misshandlungen das kindliche Gehirn in seiner morphologischen und molekularen Struktur so deformieren und verändern können. Diese Befunde müssen unbedingt in den gesellschaftlichen Diskurs aufgenommen werden.

Dazu wird man sich sehr unangenehme, gesellschaftlich relevante Fragen beantworten müssen:
Wer trägt die Verantwortung dafür, dass Kinder vermehrt neurophysiologische Entwicklungsdefizite haben und u. a. Autismus entwickeln, wenn

werdende Mütter in der Nähe von Feldern wohnen, die mit Pestiziden behandelt werden?

Wer trägt die Verantwortung für Kinder, die Diabetes bekommen, wenn der Vater des Kindes bei seiner Mutter intrauterin mit Rauchkondensaten belastet wurde?

Was ist, wenn eine Traumatisierung zu strukturellen und morphologischen Veränderungen führt, in deren Folge Kinder kognitive Defizite haben, schwerste Verhaltensstörungen entwickeln und im weiteren Lebensverlauf dadurch erheblich benachteiligt sind?

Wie verhält es sich mit der Unantastbarkeit der Menschenwürde von Kindern, wenn die zelluläre Epigenomik, der Ausgangspunkt unseres Menschseins und unseres phänotypischen Erscheinungsbildes, durch eine verantwortungslose Traumatisierung von Erwachsenen eine Destruktion erfährt, die die gesamte weitere Entwicklung der Betroffenen fehlsteuert? Ist nicht eine solche epigenomisch-zelluläre Verletzung der Integrität genau so unter den Schutz des Grundgesetztes zu stellen und zu behandeln, wie eine Verletzung der Menschenwürde im makroskopischen Bereich?

Da es jetzt möglich geworden ist eine Traumatisierung, die bisher mit dem Mantel des Vertuschens erfolgreich verdeckt werden konnte, einem molekularen Substrat zuzuordnen, wird man sich über die unmittelbare Verantwortlichkeit und juristische Bewertung dieser Misshandlungen in Zukunft Gedanken machen müssen.

Des Weiteren wird die Bewertung und juristische Aufarbeitung jugendlicher Straftaten im Kontext der neuesten molekularen Erkenntnisse neu überdacht werden müssen.

Was ist, wenn ein molekularer Schaden im Gehirn von Jugendlichen die physiologische Stressregulation außer Kraft setzt und Betroffene nicht mehr in der Lage sind, auf emotionale Belastungen situationsangemessen zu reagieren? Wie ist dann Verantwortlichkeit und Straffähigkeit zu bewerten?

Bereits 2011 thematisierte das Deutsche Ärzteblatt (PP10: S. 325):
Verhaltensauffälligkeiten im Kindes- und Jugendalter, wie Aggressivität, Gewalt und Delinquenz, sind ein folgenreiches, zunehmendes Problem mit dem wir uns befassen müssen.

Die Epigenetik handelt nicht unidirektional

Die Methylierungsprozesse, mit denen genetische Informationen ein- und ausgeschaltet werden, sind prinzipiell reversibel, was wiederum ein Beweis für die ungeheure Anpassungsfähigkeit ist. Das bedeutet: wenn das metabolische Milieu und/oder die Umwelt sich ändern, können die intrazellulären Regelmechanismen sich neu ausrichten, sich sozusagen neu justieren.

In einem aufsehenerregenden Beitrag konnten Jirtle und Skinner 2007 bei der Maus zeigen, dass mit der Gabe von Methyldonatoren bei der trächtigen Mutter (Folsäure, Cholin, Betain, Vit. B12) das krankmachende *Agouti-Gen* bei den Nachkommen ausgeschaltet wurde.

Ein weiter Hinweis für die epigenetische Beeinflussung der Keimbahn ist, dass ein Mangel an Methionin und Vitamin B12 zum Zeitpunkt der Konzeption zu einer kindlichen Insulinresistenz (6. Lebensjahr) führt.[112] Ein frühzeitiger Ausgleich von möglichen Defiziten kann dem entgegensteuern.

Die positiven Einflüsse über epigenetische Mechanismen konnten auch in einer großen norwegischen Studie über die Zusammenhänge von Kitabesuch und dem Verhalten der Kinder aufgezeigt werden. Ist die KITA-Betreuung optimal (Betreuungsschlüssel nicht über 1:3, geschultes Personal, bestes Ambiente), hat das positive Effekte auf die Entwicklung der Kinder.[113]

---

[112] Deshmukh, H. et al.: Nestle Nutr. Inst. workshop.Ser. 2013, 74: 154 – 156: Influence of maternal Vit. B12 and folate on growth and insuline resistance in the offspring.

[113] Tarjei Haynes, Magne Mosta: American Economic Journal:Economic Policy, Vol 3 (2) 2011. 97 – 129: No Child Left Behind: Subsidized Child Care and Children's Long-Run Outcomes

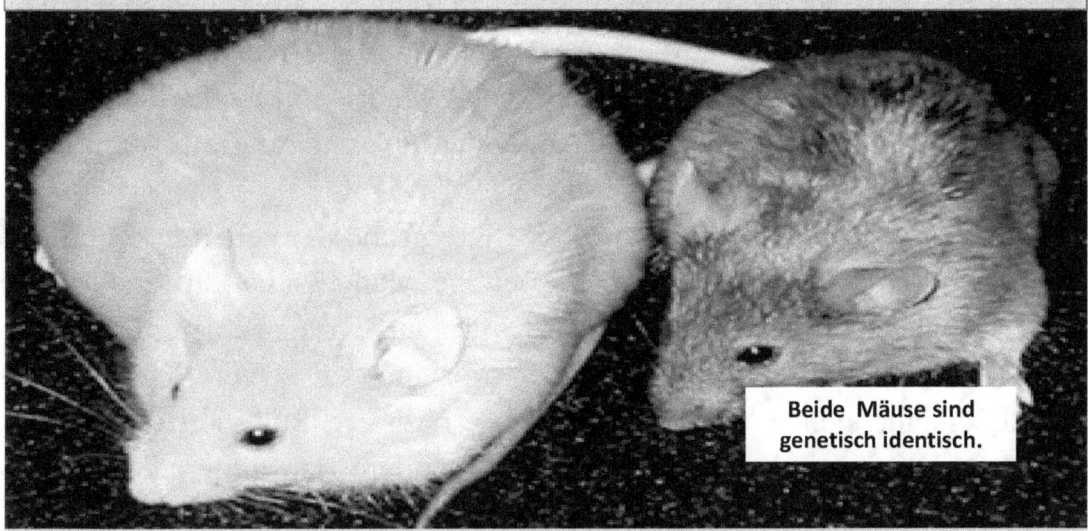

Nature Reviews Genetics 8, 253-262 (April 2007)
Environmental epigenomics and disease susceptibility
Randy L. Jirtle, Michael K. Skinner

Beide Mäuse sind genetisch identisch.

Agouti-Maus: Fell gelb, dick, krankheitsanfällig.
Fütterung der trächtigen Maus mit Methylgruppendonatoren wie Folsäure, B12, Betain, Cholin, bewirkt : Nachkommen normal, Fell braun, gesund. Das „Agouti-Gen" wurde durch Metylierung stillgelegt.

Zahlreiche Studien –wie oben aufgezeigt – führen aber auch deutlich vor Augen, dass eine nicht optimale Betreuung in der KITA geeignet ist, bei Kindern einen dauerhaften Stresspegel zu erzeugen, der über die damit verbundene lang anhaltende Cortisolerhöhung Störungen des Verhaltens und der Gesundheit hervorruft.

Wenn man die Ergebnisse dieser Studien zusammenfasst, muss folgendes festgehalten werden: Es kommt zu einer unphysiologischen, dauerhaften Erhöhung des Cortisolspiegels als Ausdruck gesteigerter Stressreaktion. Parallel dazu kann es dadurch zu Störungen des Verhaltens und der Gesundheit kommen. Belegt wurde ein vermehrtes Auftreten von ADHD, Depressionen, Ängsten, Aggressivität, Infektionen.

Betrachtet man diese Studienergebnisse im Kontext mit der Qualität der KITAs in Deutschland, wie sie aus den offiziellen Zahlen der NUBBEK-Studie hervorgeht, dann ist die Sorge berechtigt, dass Kinder in der sensibelsten Phase ihrer Entwicklung nicht die Qualität an individueller Zuwendung, allgemeiner Betreuung und Ambiente bekommen, die für eine optimale Entwicklung notwendig wären.
Auch hier ist die Gesellschaft vor dem Hintergrund der neuen Erkenntnisse und der bitteren Realität, dass in die jetzige Mangelsituation hinein noch einige Hunderttausend traumatisierte Kinder aus Kriegsgebieten kommen, aufgerufen, endlich zukunftsweisende Prioritäten zu setzen. Eine Gesellschaft, die für sich in Anspruch nimmt, zivilisiert, kultiviert, aufgeklärt, sozial und human zu sein und sich insbesondere den allgemeinen Menschenrechten und dem Artikel 1 des Grundgesetzes über die Unantastbarkeit der Menschenwürde verpflichtet fühlt, muss für die berechtigten Bedürfnisse ihrer Kinder ein Ambiente schaffen, in dem der Anspruch auf ungestörte Entwicklung und die Unantastbarkeit ihrer Menschenwürde Berücksichtigung findet.

Einen weiteren, wichtigen Hinweis auf die Zusammenhänge zwischen sozialem Ambiente und der Entwicklung möglicher Verhaltensstörungen von Kindern haben die Studien auch geben können:
In einer repräsentativen Studie mit über 65.085 Kindern bestand ein klarer Zusammenhang zwischen dem Aufwachsen in einem Single-Haushalt und einem erhöhten Risiko für psychiatrische Erkrankungen, Suizide, Suizidversuche, Verletzungen und Sucht.
Eine ähnliche Studie an über 47.033 Kindern wies nach, dass Kinder, die in einem Haushalt mit geschiedenen Eltern aufwachsen, ein erhöhtes Risiko haben, Störungen zu entwickeln, die sich auf psychiatrische Erkrankungen, Alkoholismus und Mortalität beziehen.

Diese Aussagen sind von erheblicher gesellschaftlicher Relevanz, wenn man sie im Kontext mit den offiziellen statistischen Zahlen sieht, die für Single-Eltern und Geschiedene angegeben werden. In Deutschland sind aktuell 2.307.000 Mütter und 404.000 Väter alleinerziehend. Dazu haben sich im Jahr 2000 51,9 % und im Jahr 2013 45,5 % Paare scheiden lassen. Dieser statistische Ausdruck einer zunehmenden Unfähigkeit partnerschaftlich miteinander auszukommen, ist auch ein Hinweis auf eine zunehmende Bindungsunfähigkeit.

Bei diesen enormen Zahlenkontingenten kann man sicher von einem epidemischen Ausmaß familiärer Destruktion sprechen die, aus der rein kindlichen Perspektive betrachtet, eine Katastrophe darstellt. Die vertrauensbildende, haltgebende familiäre Urzelle besteht im Kleinkindalter immer noch primär aus der Dreiheit von Mutter, Kind und Vater.

Wie in der Kauai-Studie von Prof. E. Werner und R. Smith (1955 – 1995) dargelegt wurde, sind die Scheidung der Eltern, die Trennung von der ersten Bezugsperson im ersten Lebensjahr, die Abwesenheit des Vaters und eine chronische familiäre Disharmonie die entscheidenden Faktoren für die Entwicklung von kindlichen Verhaltensstörungen. Treffen vier dieser Kriterien zu, dann entwickeln die Kinder im Alter von 10 Jahren in 75 % der Fälle schwerwiegende Lern- und Verhaltensstörungen oder sie wurden bis zum 18. Lebensjahr straffällig bzw. psychiatrisch auffällig.

Was den Faktor *familiäre Disharmonie* anbelangt, so zeigen die Statistiken zu Gewalt und Misshandlung in Familien auch ein ebenso klares wie bedrückendes Bild: In über 200.000 Fällen pro Jahr kommt es in Deutschland zu Misshandlungsdelikten und in über 320 Fällen so schlimm, dass die Kinder sterben. Die repräsentative Health-Care-Studie zeigte, dass fast ein Viertel der Kinder und Jugendlichen von Erwachsenen oft oder mehrmals geschlagen wird.

Auch innerhalb von Ehe und Partnerschaften ist Gewalt ein häufiges Ereignis: 2015 kam es zu 125.457 Fällen von Gewalt in Ehe/Partnerschaften.

Was ist, wenn Kinder derartige Ausbrüche von Gewalt in der eigenen Familie miterleben?

Was dieses Klima der Gewalt und Angst bewirkt, zeigt die repräsentative Studie an 45.000 Neuntklässlern über den Zusammenhang von Gewalt und später Täterschaft: Kinder, die von ihren Eltern massiv geschlagen wurden, sind fünfmal häufiger zu Mehrfachtätern geworden als gewaltfrei erzogene junge Menschen. Wie die Studie von A. Ebel 2004 belegt, sind die Eltern traumatisierter Kinder zu 95 % selber traumatisierte Kinder gewesen.

Welche Implikationen ergeben sich aus den neuen Erkenntnissen zur Epigenomik und den Daten zur gesellschaftlichen Situation in Deutschland für die Kinder?

Nach den statistischen Daten ist davon auszugehen, dass in Deutschland etwa ein Viertel aller Kinder innerhalb der eigenen Familie potenziell von Gewalt, Misshandlung und Traumatisierung bedroht ist.

Was die Kinderbetreuung außerhalb der Familie in KITAs betrifft, bestehen auch hier potenzielle Gefahren für die Entwicklung von Verhaltensstörungen, wenn es sich um Einrichtungen handelt, die nach den offiziellen Vorgaben nicht ausreichend fachlich qualifiziertes Personal vorhalten können und nicht über eine den kindlichen Bedürfnissen entsprechende Ausstattung verfügen.

Folgt man den Ausführungen der NUBBEK-Studie, besteht leider auch in Deutschland im KITA-Bereich mehrheitlich eine Mangelsituation, die den emotionalen und körperlichen Bedürfnissen von Kindern unter drei Jahren nicht ausreichend gerecht werden kann. So muss sich die Gesellschaft vor Augen führen, dass in beiden Betreuungsbereichen (intra- und extrafamiliär) für viele Kinder die Gefahr besteht, über Traumatisierungen morphologische und molekulare Schäden im Gehirn davonzutragen, die sich dann später in dem ganzen Spektrum der beschriebenen Verhaltensstörungen offenbaren.

Dass diese für Kinder bedrohliche Situation geeignet ist krank zu machen, beweist die hohe Zahl von über 10 % der Jugendlichen zwischen 8 und 14 Jahren mit einer behandlungsbedürftigen Depression, wie die Studie des Leipziger Forschungszentrums für Zivilisationskrankheiten 2013 ergab. Was in diesem Zusammenhang aufhorchen lässt, ist die hohe Zahl von über 17.000 Jugendlichen zwischen 5 und 19 Jahren, die 2012 in Bayern wegen psychischer Erkrankungen und Verhaltensstörungen stationär behandelt werden mussten (steigende Tendenz in den letzten Jahren).

Da die Situation der Kinder und Jugendlichen in den anderen Bundesländern sicher nicht besser ist als in Bayern, können diese Zahlen durchaus etwas über die Größenordnung der stationär behandelten Kinder und Jugendlichen in ganz Deutschland aussagen. Es handelt sich dann um eine Zahl von etwa 130.000 Betroffenen, die aus psychischen Gründen einer stationären Behandlung bedürfen. Die Behandlungskosten in einer offenen Einrichtung würden pro Tag in einer Größenordnung von 39 bis 65 Millionen Euro anfallen, wenn man einen üblichen Tagessatz von 300 bis 500 Euro annimmt, wobei angemerkt werden muss, dass darin keine weitergehende Diagnostik wie z. B. MRT etc. berücksichtigt ist.

Diese Dokumentation des Versagens einer ganzen Gesellschaft bekommt dadurch noch eine negative Nachhaltigkeit, dass eine beklagenswert hohe Zahl an Jugendlichen die Schule abbricht und weder einen Schul- noch Hauptschulabschluss hat. Und fast 30.000 Kinder müssen aktuell auf der Straße leben, da sie kein Zuhause haben. Diese jungen Menschen werden dann in unserer wissensbasierten, digitalisierten, globalisierten, unter Zeit-, Arbeits- und Konkurrenzdruck stehenden Gesellschaft kaum eine Zukunftsperspektive haben. Sie werden es sehr schwer haben, auf eigenen Füßen zu stehen, und die für das Selbstwertgefühl notwendige Anerkennung nicht erleben.

Es bleibt nur zu hoffen, dass die neuen wissenschaftlichen Erkenntnisse zum Steuerungsmechanismus der Epigenetik in den Wissenskanon für die

Entscheidungsträger unserer Gesellschaft Eingang finden, dass man begreift, dass jede Veränderung der Umwelt, jede toxische Substanz, die wir auf Früchte und Felder sprühen, jeder Schlag in das Gesicht von Schutzbefohlenen, Rückwirkungen auf unsere zellulären Regulationsmechanismen hat.

Die Bedrohung beginnt bereits im Mutterleib, dort bekommen die ersten Zellen des neuen Lebens ungefragt körperliche und seelische Defekte einprogrammiert, die das ganze weitere Leben beeinflussen. Dadurch, dass die werdende Mutter auch die Keimbahn möglicher Enkel, die ja bereits im entstehenden Embryo angelegt sind, beeinflusst, reicht die Verantwortung des Verhaltens weit in die Zukunft, denn auch die Enkelgeneration ist genetisch schon dabei.
So können sehr frühzeitig Narben entstehen, die keiner sieht. Sie verstecken sich im Gehirn und stammen von Taten aus der Vergangenheit.
Wer als Kind geschlagen, gedemütigt oder vergewaltigt wurde, dessen Leid spiegelt sich in seinem Erbgut wider. Misshandlungen verändern die Zellen des Hippocampus, der Schaltstelle unserer Gefühle und Erinnerungen. Es sind Wunden, die nicht mehr heilen.
Es ist die Logik der zellulären epigenomischen Reflexion auf die Umwelt, dass diese Kinder nicht nur krank werden, sondern sich später zu Menschen entwickeln, die nicht mehr in die Gesellschaft integrierbar sind. Und sie werden sich früher oder später gemäß ihrer epigenomischen Programmstörung ihrerseits durch Delinquenz, asoziales Verhalten, Aggression und Gewalt, für erlittene Lieblosigkeit, Demütigung und Missachtung *rächen*.

Die Epigenetik vermittelt uns eine eindeutige Botschaft, die man aus purem gesellschaftlichem Eigennutz tunlichst verinnerlichen sollte:
Handele im Umgang mit Schutzbefohlenen und der Natur stets im Bewusstsein höchster Verantwortlichkeit und bedenke, dass unsere Handlungen Spuren hinterlassen, die weit in die Zukunft reichen, bis in das 3. und 4. Glied!

Zerstören unsere Handlungen die von der Evolution zur Anpassung installierte epigenomische Zukunftsvorsorge, dann wird es als Reaktion eine zunehmend logarithmische Destruktion des *Guten* geben und der Marsch in die Zukunft wird – wie nach einer verlorenen Schlacht – ein Marsch ohne Ziel und Hoffnung sein.

Wir können es jeden Tag lesen und selbst sehen: Die familiäre Kontamination und die zelluläre Destruktion durch psychische und toxische Traumata haben bereits lebensbedrohende epidemische Ausmaße angenommen.

Denn das ist der Fluch der bösen Tat, dass sie fortwährend Böses muss gebären.

Friedrich Schiller

Es müsste zum kategorischen Imperativ unserer gesellschaftlichen Verhaltensethik gehören, ein Ambiente zu schaffen, in dem das werdende Leben ohne Traumatisierung in das Licht des Daseins eintreten kann; ein Ambiente, in dem die werdenden Mütter, die Familien und Kleinkinder die Wertschätzung und Förderung erfahren, die ihnen als das entscheidende *Humankapital* zum Erhalt einer friedlichen und zukunftsfähigen Gesellschaft gebührt und zusteht.

Von einem solchen Ambiente sind wir offensichtlich weit entfernt. Wir sollten uns in der Zukunft bei jedem Amoklauf eines jungen Menschen an die Zusammenhänge zwischen Epigenomik und Verantwortung erinnern, denn das molekulare Gedächtnis des Erlebten ist nachhaltig. Das Böse zieht uns in einen Strudel der Verschlimmerung:

Wir befinden uns in einer ähnlichen Situation wie in der Parabel vom Goldenen Vlies mit dem Helden Jason und Medea aus der griechischen Mythologie:

Um das Goldene Vlies der Erkenntnis zu erreichen, müssen wir, wie Jason in der griechischen Sage, Herausforderungen bestehen, die nur in einem Kampf mit todbringenden Eisenkriegern Erfolg haben kann. Diese sind zuvor aus einer von ihm selbst gesäten Saat von Drachenzähnen entstanden. Der Kampf um Leben und Tod beim Raub des Goldenen Vlieses konnte im Mythos nur mit den übernatürlichen Kräften und der Hilfe Medeas gelingen. Wie die Geschichte ausgeht, ist allen bekannt, sie endet in einer großen Tragödie für alle.

Dieser Mythos gibt exakt die Situation wieder, in der wir uns jetzt im Bereich von epigenomischer Destruktion, genetischer Manipulation, Klonierung, Hybridisierung und der Bildung von Mikro- und Makrochimären befinden. Diese neuen, von uns designten Wesen, werden zu den aus Drachenzähnen mutierten Eisenkrieger wie in der mythologischen Parabel.

Auf dem Weg zur letzten Erkenntnis, dem evolutionären Algorithmus des Lebens und seiner Entstehung, der uns befähigen soll, das *Goldene Vlies*, das Wissen um den Geheimcode des Lebens, in Besitz zu nehmen, sind wir dabei *Drachenzähne* zu säen, die nach dem Auskeimen versuchen werden, uns umzubringen. Und wir werden – wie in der Parabel – wahrscheinlich nur mit übernatürlicher Hilfe dieser Herausforderung begegnen können.